KB261814

사람과 자연은 하나다
신토불이 이야기

책 이 름/ 사람과 자연은 하나다 — 신토불이 이야기

지 은 이/ 이　을　호
펴 낸 이/ 김　경　희
펴 낸 곳/ (주)지식산업사
등록번호/ 1-363
등록날짜/ 1969. 5. 8
초판 제 1쇄 발행/ 1993. 10. 5
초판 제 5쇄 발행/ 1995. 4. 25
주　　소/ 서울시 종로구 통의동 35-18
전　　화/ (734)1978·1958 (735)1216　Fax (720)7900
책　　값/ 5,000원

ⓒ 이을호, 1993

ISBN 89-423-3009-6　　03300

＊ 이 책을 읽고 저자에게 문의하고자 하는 이는
　지식산업사 편집부로 연락바랍니다.

책머리에

살다보면 하늘의 섭리라 여길 수밖에 없는 일도 없지 않다. 내가 이 책을 쓰게 된 사연에도 어쩌면 하늘의 뜻이 들어 있는 것만 같아서 하는 말이다. 본문에서도 밝혔지만, 맨 처음 '신토불이'(身土不二)란 말을 듣고 난 후 약 60년의 세월이 흘렀다. 그동안 나름대로 '신토불이'의 섭리를 굳게 믿고 실천하며 80세 천수(天壽)를 살다가 이 책을 쓰게 되었으니 인연이라면 인연이다. 어찌 보면 60년 전에 이미 예정되었던 일을 오늘에야 비로소 끝맺음하게 되었다는 생각도 든다.

사람이 세상에 태어나서 누가 오래 살기를 바라지 않으랴마는, 생명을 빈틈 없이 아끼고 가꾸어야만 장수도 누릴 수 있다는 것을 모른다면 어찌 어리석다 하지 않겠는가. '신토불이'의 섭리야말로 건강한 삶을 누릴 수 있게 하는 지혜이다.

사람과 자연은 둘이 아니라 하나임에도 불구하고, 어리석은 사람들은 주변은 둘러보지 않고 저 멀리 불로초만을 구하려고 서두르고 있으니 딱한지고, 세상 사람들의 어리석음이여.

이제 이 책을 읽는 독자들에게 우선 한마디 일러두고 싶은 것이 있다. 다름 아니라 신토불이의 섭리는 글이 아니라 실천이라는 것이다.

나는 이 책을 오랜 동안의 체험과 지식을 하나로 묶어 '붓 가는 대로' 썼기 때문에, 행여나 그 안에서 지하수처럼 흐르고 있는 '신토불이'의 참뜻을 놓칠까 두렵다. '신토불이'의 보이지 않는 참모습은 내가 써놓은 글 자체가 아니라, 글 속 깊숙히 감추어져 있다. 어느 절간 노승의 말을 되새기지 않더라도, 진정한 달〔月〕은 그것을 가리키는 사람의 손끝에 있는 것이 아니라 더 멀리에 있는 것이다.

그러므로 이 책을 읽는 독자들은 대목대목에서 삶을 어떻게 새롭게 살 것인가를 생각하도록 하자. 신토불이의 섭리가 이제부터 삶의 길잡이가 되어야 한다는 사실을 깨달아야 한다. 그러지 않다면 이 책을 천만 번 읽은들 무슨 소용이 있겠는가. 생명을 아끼고 가꾸면서 자연과 더불어 사람답게 사는 지혜를 배우며 실천에 옮겨야 한다.

이 책을 쓰게 된 직접적인 동기는, 한국농협이 당면한 시대상황의 필연적 과제로서 우리농산물애용을 통한 애국운동을 전개하면서 농협중앙회 한호선 회장이 표어로 정착시킨, '신토불이'의 어원을 밝혀보려는 노력을 돕고자 함에 있다. 아울러 평생을 한국농협에 몸담았다가 '신토불

이'의 실천운동에 전념하기 위하여 근자에 명예퇴임한 광
록회 상임부회장 송진요 동지의 간곡한 소청도 저버릴 길
이 없어 '신토불이'의 이론정립을 위하여 이 글을 쓰게 된
것이다. 또 '신토불이'의 섭리야말로 국토를 되살리고 나아
가서는 지구촌을 파멸의 위기에서 구원해낼 원리라는 자
각 때문이었다. 그래서 만용을 무릅쓰고 이 서툰 글이나
마 세상에 내놓게 된 것이니, 진실로 하늘의 뜻이라 자위
하며 그저 감사할 따름이다.

끝으로 다듬지도 않은 미완의 초고를 보고도 선뜻 출판
을 맡아주신 지식산업사 김경희 사장님께 깊이 김사드리
며, 내곁에서 글을 다듬어준 김진미양과, 틀린 철자법은
물론 잘못된 문맥까지도 조목조목 고쳐준 편집부에게 고마
운 뜻을 여기에 표해두고 싶다. 부록 자료를 수집해준 작
가 이명한(李明翰)님과 삽화를 그려준 장승태(張承泰)님에
게도 아울러 감사의 정을 표하고자 한다. 또 아내에게도
고마움을 전하고 싶다. 그녀의 세심한 보살핌 덕분에 원
고를 거뜬히 끝낼 수 있었다.

어쨌든 이 책으로 말미암아 나는 이제 나이 80의 정상
에 올라 한 세상 더 살게 된 것을 하늘과 이 일을 도와주
신 모든 분들에게 감사하면서 붓을 놓는다.

1993년 10월

지은이 이 을 호

차　례

들어가는 글
─세종대왕의 향약과 진시황의 불로초

신토불이(身土不二)!

이 말의 참뜻은 어디서 찾아야 할까.

지난 겨울(1992) 섣달 그믐께 서울에 올라갔다가 한국농협 본관 16층 건물에 걸린 플래카드를 ·보고 놀랐다. 거기에 씌어진 '身土不二'는 유난히 크게 보였다.

또 하나 대견스러운 것은 '신토불이'라는 표제의 수첩이 제작되어 널리 반포되고 있다는 사실이다.

이제 '신토불이'는 한국농협의 간판표어가 되었고, '신토불이' 수첩은 방방곡곡에서 사람들의 품에 안겨 사랑을 받고 있다.

이렇듯 누구나 나름대로 '신토불이'의 의미를 이해하고 있으며, 애착을 갖고 있다. 그러나 우리들은 진정 그 뜻을 제대로 이해하고 있는 것일까. '신토불이'란 말은 많이 써오면서도 아직까지 아무도 정확한 정의를 내린 적이 없는 줄 안다.

이제 본론으로 들어가기 전에 세종대왕의 향약과 진시황의 불로초 이야기를 하고자 한다. 왜냐하면 한마디로 말해서 우리 세종대왕은 '신토불이'의 성군(聖君)이요, 진시황은 '신토불이'에 역행한 폭군이기 때문이다.

세종대왕은 조선조 제4대왕으로서 한글창제를 위시한 많은 업적을 이룩했다. 그러나 여기서는 그 많은 이야기들을 다 거론할 필요가 없다. 다만 왜 그를 '신토불이'의 성군으로 모셔야 하는가를 밝히기만 하면 되기 때문이다.

세종대왕의 업적 가운데서도 가장 두드러진 것의 하나가 다름 아닌 《의방유취》(醫方類聚) 및 《향약집성방》(鄉藥集成方)의 편찬이요, 《향약채취월령》(鄉藥採取月令)의 간행이다.

이 책들은 그가 유효통(兪孝通)·노중례(盧重禮)·박윤덕(朴允德) 등에게 지시하여 편찬 간행한 우리나라 약재〔鄉藥〕의 대백과사전이다.

향약은 중국산 당재(唐材)에 대해 상대적 의미로 쓰인 단어로서, 요즈음 말로는 외제약품에 대한 국산약재라고 할 수 있을 것이다.

《향약집성방》의 내용을 간추려보면, 향약과 당재의 비교연구를 첫째로 꼽을 수 있고, 다음으로는 향약의 분포실태조사를 들 수 있으며, 셋째로는 《향약채취월령》의 간행으로 이어진 것을 칠 수 있다.

여기서 또 하나 놓쳐서 안될 것은 《향약집성방》 제77권

〈향약본초〉(鄕藥本草)가 독립된 항목으로 정리된 사실이다. 왜냐하면 지금까지 본초학으로는 중국의 《신농본초경》(神農本草經)을 위시한 명나라 이시진(李時珍)의 《본초강목》(本草綱目)만이 주종을 이루고 있었기 때문이다.

세종대왕의 향약 정리는 결코 우연한 일이 아니다. 단군성조 시절에도 질병을 주관하고(主病), 생명을 주관하는(主命) 일이 제왕의 중요한 역할이었다. 세종 같은 현군(賢君)이 어찌 이를 놓쳤겠는가.

그가 비록 '신토불이'라 외치지는 않았다 하더라도, 백성을 깊이 사랑하는 마음에서 향약을 정리한 그의 마음속에는 이미 '신토불이'의 정신이 깊이 스며 있었음을 지적하지 않을 수 없다.

이제 세종대왕의 이야기는 잠시 덮어두고 폭군 진시황 이야기를 해보자. 진시황은 천하를 통일한 후 1만 2,700리의 만리장성을 쌓고 호화사치가 극에 달한 아방궁(길이 690m, 폭 114m)을 짓고, 그러고서도 마음이 놓이지 않아 불사른 서적과 함께 460여 명의 유생들을 생매장함으로써(焚書坑儒), 황하수마저 피로써 붉게 물들인 문명의 반역자였다. 그러한 진시황의 이야기는 되뇌기조차 싫은 생각이 든다.

그러나 우리는 여기서 불로초에 관련된 진시황의 이야기를 빼놓을 수 없다.

중국의 권위 있는 역사책 《사기》(史記)의 기록에 따르면, 진시황은 서복(徐福 ; 徐市라고도 한다)이라는 낭사(琅邪)의 방사(方土 ; 신선의 술법을 닦는 사람)에게 명하여 장생불사약(불로초)을 구하게 했다. 서복은 동남동녀 3,000명을 거느리고 동해(일명 발해)의 봉래산(蓬萊山 ; 신선이 산다는 전설적인 산)을 찾아 뱃길을 떠났으나 그후로는 행적이 묘연하여 돌아오지 않았다.

여기에 나오는 봉래산은 중국에서 상상하던 삼신산(三神山)의 하나로서 동쪽 바다 가운데 있으며, 신선의 불로초와 불사약이 있다는 영산(靈山)으로 알려져 있지만—그러기에 진시황이 서복에게 장생불사약을 구해오도록 하였지만— 따지고 보면 우리나라 금강산이었던 것 같다. 왜냐하면 우리나라 금강산은 사계절 따라 그 이름이 바뀌었으니, 봄에는 금강산이라 하고(春金剛), 여름에는 봉래산이라 하고(夏蓬萊), 가을에는 풍악산이라 하고(秋楓嶽), 겨울에는 개골산이라 했기(冬皆骨) 때문이다.

왜 여름에는 봉래산이라 했는지 연유야 알 길이 없지만, 이로써 진시황이 구하던 장생불사약이 있다고 생각된 곳이 바로 우리나라 강토 안에 있었던 것만은 틀림이 없다고 보아도 될 것이다.

이렇듯 우리 국토는 세종대왕의 눈에는 향약 집산지로 보였고, 진시황의 눈에는 불로초 산지로 보였다.

향약이 불로초인가, 불로초가 향약인가.

삼천리 강산이 온통 불로초로 덮여 있었건만 어리석은

진시황의 눈에는 보이지 않았다. 불로초를 찾으려는 허황된 생각에 동남동녀 3,000명을 풀어놓았건만 2000년이 지난 오늘에도 서복은 돌아오지 않고 있다.

이처럼 '신토불이'의 입장에서 본다면 불로초는 향약 속에 들어 있을 뿐 해동 1,000리 밖에 따로 있는 것이 아님을 알 수가 있다.

진나라 서울은 중국대륙 깊숙히 자리잡고 있는 지금의 섬서성(陝西省) 함양(咸陽)이다. 여기서 발해에 있는 봉래산까지 가자면 만리도 더 되는 머나먼 길이었으리라. 장생불사의 간절한 소망을 실어 보낸 서복을 진시황은 얼마나 애타게 기다렸을까. '신토불이'의 향약정신을 많이도 말고 털끝만큼이라도 알았던들 이러한 무모한 짓은 하지 않았을 것을!

기다리다 기다리다 지친 진시황은 육십 회갑은커녕 오십 고개에 올라서자마자 눈을 감고 깊은 잠에 빠지고 말았다. 불사(不死)가 아닌 죽음의 신이 그를 데리고 간 것이다.

그러나 장생불사약을 갈구하는 인간들의 헛된 욕망은 그칠 줄을 모른다.

지금쯤 서복은 어디에 가 있을까.

세종대왕에게서 '신토불이' 강의라도 듣고 있는 것은 아닐까. 장생불사약이 별것인가, 향약을 캐면 그 안에 들어 있는 것을.

신토불이(身土不二).

이제 돌아오지 않는 서복은 기다리지 말자.

뜰 아래 가득한 불로초를 캐어 향약의 잔칫상을 차리
자.

봄

생명의 시원

1. '신토불이'의 뜻

　이번 서울행(1993.2.)에서도 농협의 대형 플래카드를 또 하나 발견하고 돌아와서 흐뭇한 마음을 금할 길이 없다. 지난번 상경길에서는 그저 "身土不二 새해 복 많이 받으세요"라는 것이었고, 그것이 대견하게 느껴졌을 따름이었다. 그러나 '신토불이'의 내용에 관해서는 아무런 시사도 없었는데, 이번 길에서 본 현수막에는 다음과 같은 표어가 씌어 있었다.

　"身土不二 4,000만의 건강"

　서울 원효로 1가 굴다리에 큼지막하게 가로질러 걸려 있었다. 옳거니, 한국농협의 표어가 된 '신토불이'는 이제 4,000만 우리 겨레의 건강을 지켜주는 표어가 되었구나 하고 확인한 순간 진정으로 유쾌한 기분에 젖지 않을 수 없었다.

　그렇다. '신토불이'는 실로 4,000만, 아니 7,000만 우리 겨레의 건강과 생명을 지켜주는 원리이다. 그러나 거기에 그치는 것이 아니라 전인류의 생명을 지켜주는 원리로 승화되고, 나아가서는 생명의 시원을 밝혀주는 원리로까지 비약해서 이해해야 할 원리이기도 하다.

조금이라도 한자에 대해 소양이 있는 사람이라면, '신토불이'(身土不二)를 신(身)과 토(土)와 불이(不二) 셋으로 갈라서 생각하게 될 것이다.

그렇다면 신(身)이란 무엇인가. 먼저 신이란 '몸 신' 자(字)가 아닌가. 그렇다. 신이란 몸이다. 그렇다면 몸이란 무엇인가. 우리들이 몸이라 하는 것은 형체를 갖춘 육체로서의 신체를 의미하는 것이다.

그러나 우리의 신체는 그저 유형한 형체만으로 생긴 것이 아니라, 하나의 생명을 담고 있는 그릇으로서, 대기를 호흡하며 음식을 소화하고 나아가서는 만사를 사고하는 무형한 기능을 갖추고 있다. 간단하게 말하자면 '신'이란 결국, 유형한 형체와 무형한 기능이 하나로 조화된 생명체인 것이다. 그러므로 '신'이란 신체라는 생물학적 개체인 동시에 소우주(小宇宙)라는 철학적 존재이기도 한 까닭이 여기에 있다. 그렇다면 이 생명체를 움직이는 힘, 곧 생기(生氣)는 어디서 솟아나는 것일까. 그것은 바로 토(土)에서인 것이다.

토(土)란 무엇인가. '토'는 '흙 토' 자가 아닌가. 그렇다. 토란 흙인 것이다. 그렇다면 이 흙으로 상징되는 '토'란 진정 무엇인가. 그 개념은 적어도 다음과 같이 네 가지로 나누어 생각할 수가 있다.

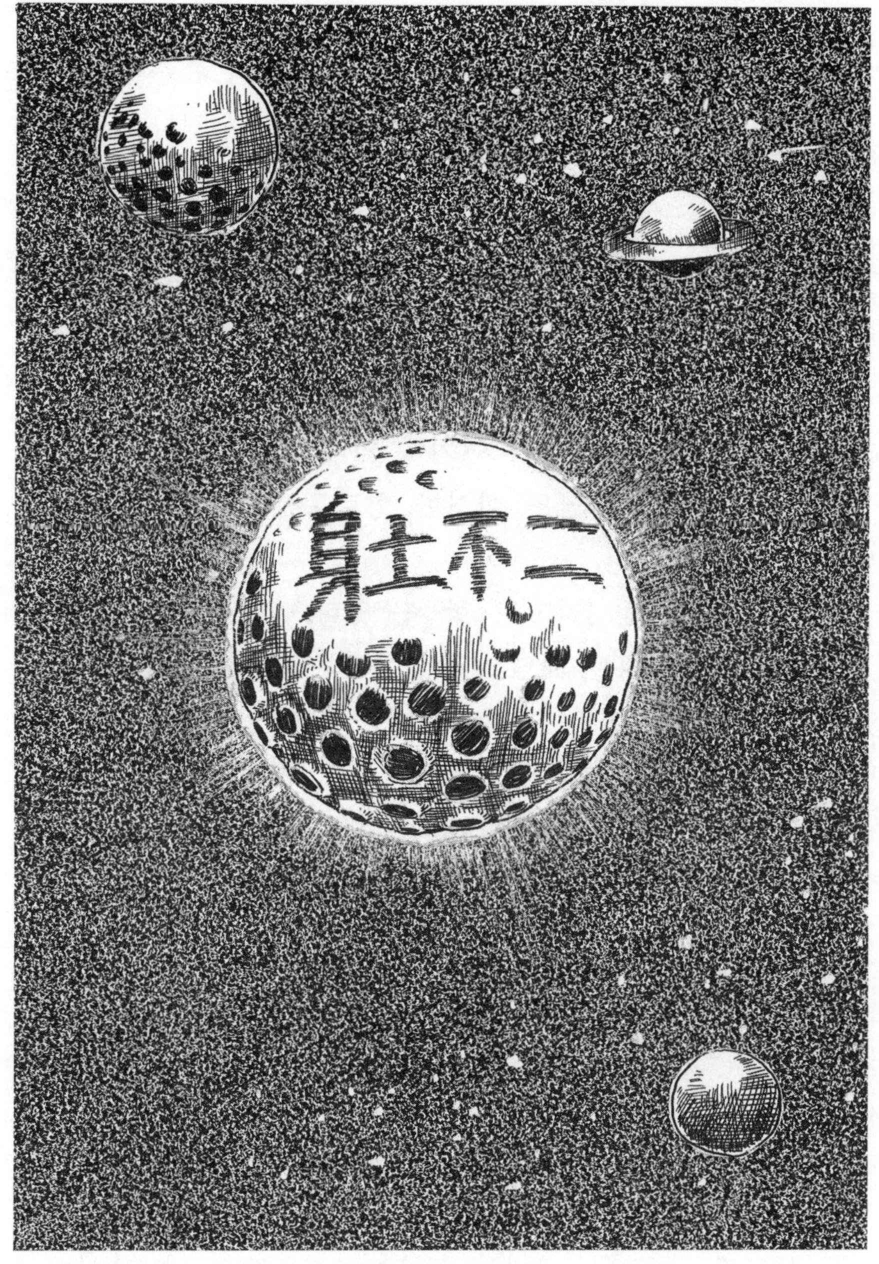

身土不二

첫째, 토지이다. 지구의 표면을 덮고 있는 토양(흙)으로서(地上曰田), 만물이 성장할 수 있는 지구의 표층을 가리키고 있다. 여기에는 육지(전답)가 있고, 산야(산악과 평야)가 있고, 하해(하천과 바다)가 있고, 또 사막이 있으며 남북의 두 극지가 있다.

둘째, 향토(鄕土)라고 할 수 있다. 이는 지구의 어느 특정구역을 국한하여 가리킨 것으로서, 거기서 나오는 생산물을 우리들은 토산품이라 한다. 여기서 생산되는 약재를 향약이라 이르는 까닭이 여기에 있다. 그러므로 신토불이의 '토'의 작은 개념은 이러한 향토로서의 '토'를 가리킨 것이 아닌가 싶다.

셋째, 국토(國土)라고도 할 수 있다. 이는 향토를 좀더 확대하여 생각하는 개념으로서 동질문화권을 형성하고 있는 일정한 구역이다. 그러나 이는 국가의 규모에 따라 넓고 좁음과 크고 작음이 천차만별(千差萬別)이기 때문에 '신토불이'의 '토'와는 무관한 '토'라고 할 수밖에 없다. 그러나 이 국토를 풍토적 조건(寒·熱·乾·濕·陸·海·山·河) 등에 따라 세분하면 향토로 재정립할 수 있을 것이다.

넷째, 지구(地球), 곧 자연(自然)이라고 할 수 있다. 지구는 인간뿐만이 아니라 만물의 생장을 다 함께 관장하고 있는 모체이기 때문에 토(土)개념의 궁극적 목적지라고 할 수 있다. 생명을 간직한 모든 생물, 곧 동식물은 여기서 창조되어 진화 발전하였을 뿐 아니라, 하늘·땅·물·

불〔天地水火〕이라는 자연환경을 조성하여 시시각각 대충 150여 만 종으로 추산되는 만물의 생명을 여기서 보존하고 있기 때문이다.

불이(不二)란 무엇인가. 이(二)란 '두 이' 자이다. 그렇다면 왜 둘이 아니라면 셋도 넷도 될 수 있음에도 불구하고, 이를 '하나'라는 뜻으로 풀고 있는 것일까. 그것은 여기서 '둘'이란 바로 '신'과 '토'를 가리킨 것이기 때문이다.

언뜻 생각하기에 신(身)은 생명체요, 토(土)는 무생명체이다. 그래서 우리들은 '신'과 '토'는 결코 하나가 될 수 없는 절대 이질적인 두 개체라고 생각하기가 쉽다.

그러나 자연의 법칙을 조금이라도 이해한다면 생명체로서의 '신', 곧 우리 인간은, '토'인 자연환경으로서의 하늘·땅·물·불〔天地水火〕의 보살핌 없이는 촌각일지라도 그의 생명력을 보존하지 못한다는 사실을 알게 될 것이다. 그러므로 불이(不二)의 이(二)는 곧 '신'과 '토'가 되고, 이 '신'과 '토'는 결코 둘이 아니라 하나의 생명체라는 것을 의미한다는 것을 알게 될 것이다. 이는 바로 신(身)은 모름지기 토(土)에 깊숙히 뿌리박고 있음(身根於土)을 의미하는 것이다.

그러므로 신토불이(身土不二)란 곧 인간(身)과 지구 곧 자연환경(土)이 하나로 되어 있음을 의미하는 것이다.

여기서 잠시 한숨 돌리기 위하여 자라나는 싹을 뽑아버림으로써 자연의 섭리를 배반한 어느 어리석은 송나라 사람의 이야기 한 토막을 들어보자(《맹자》, 공손추 상).

> 어느 송나라 사람이 새싹이 잘 자라지 않는 데 속이 타
> 서 싹의 뿌리를 뽑아놓았다. 그러고는 얼빠진 사람처럼 흐
> 늘흐늘 돌아와서 집안사람들에게 한다는 소리가 "오늘은
> 고달퍼 죽겠네. 내가 새싹이 잘 자라도록 뽑아놓고 왔지."
> 이 말을 들은 그의 아들이 쫓아가 본즉 싹들은 벌써 말라
> 있었다는 것이다.

이는 어느 어리석은 송나라 사람의 이야기에 그치는 것
이 아니라 새싹이 흙 속에 깊숙히 뿌리를 박고나서야 비
로소 자랄 수 있다는 천리(天理)를 이해하지 못하는 모든
사람, 바로 오늘을 살고 있는 우리들의 어리석음이라고
할 수도 있지 않겠는가.

'신토불이'의 원리는 곧 생명은 땅속에 깊숙히 뿌리를
내리고 있다는 뜻에서, 하늘, 곧 자연의 지극한 섭리라고
할 수 있다.

지금 우리들은 이 지극히 은혜로운 자연의 섭리를 배반
하고 있을 뿐 아니라 한술 더 떠서 이를 파괴하고 있다.
이는 곧 우리들 인간 자신뿐 아니라 지구촌 전체의 불행
이요, 위기요, 자멸의 길이 아닐 수 없다.

'신토불이'의 깊은 의미를 되찾아보고자 하는 까닭이 여
기에 있다.

2. 대우주의 섭리

'신토불이'의 '토'가 비록 향토의 '토'로 요약된다 하더라도, 향토는 바로 이 지구의 한 구석을 차지하고 있는 땅의 일부에 지나지 않는다. '토'의 개념을 이해하자면 바로 이 지구의 일부로서의 향토의 개념을 알아야 하는 까닭이 여기에 있다.

땅덩어리로서의 지구는 언뜻 생각하면 분명히 우리들이 그 위에 두 다리를 굳게 딛고 서 있는 평탄한 땅이다. 나를 중심으로 한 이 지점은 천하의 중심이기도 하고, 거기서는 삼라만상이 멋대로의 삶을 즐기고 있다.

그것만 알면 되었지 왜 까다롭게 지구의 생성과정 등을 알려고 하는가. 뿐만 아니라 우주의 창조가 어떠니 하면서 사람들의 넋을 어리둥절하게 하는가.

그러나 100년 한 세상도 채 못 살고 죽어가는 우리들 인간 생명은 비록 육척단구(六尺短軀) 안에 갇혀 있기는 하지만, 생명의 리듬은 저 아득한 우주선(宇宙線)의 리듬과도 상통할 뿐 아니라 지구 위에서의 억만년 생명진화의 과정도 그 안에 고스란히 간직하고 있다.

우주는 누구에 의하여 언제 어디서 어떻게 창조된 것일까. 우리 인간도 소우주라 일컬어진다고 한다면 그 기본적 틀이 되는 대우주도 한번쯤은 살펴보는 것이 좋을 것 같다.

천지개벽으로도 말할 수 있는 우주창조는 실로 인간의 지혜로써는 알아낼 길이 막막한 수수께끼가 아닐 수 없다. 그러나 그 이룩된 모습은 오늘의 발달된 천문학과 지질학, 생물학 등이 우리들에게 그 대강을 알려주고 있다.

우주(宇宙)의 우(宇)는 천지사방의 무한한 공간을 뜻하고, 주(宙)는 예로부터 지금까지의(古往今來) 무한한 시간을 의미한다. 말이 무한이지 과연 얼마나 넓은 공간이며 얼마나 오랜 시간일까. 그러므로 우주의 넓이(공간)와 길이(시간)를 재는 기준은 시간과 공간을 하나로 묶어서 표현하는 방법으로 세워놓았으니 그것이 곧 광년(光年)이다. 널리 알려진 바와 같이 1초에 30만 킬로미터를 달리는 빛의 속도(지구 둘레를 1초에 약 7회 도는 거리)로 1년 동안 달리는 거리를 1광년이라 한다. 이러한 척도로 우주의 넓이를 한번 재보자.

지구가 속해 있는 한 자그마한 별들의 집단 조직을 태양계라 하는데, 이 태양계는 어느 한 소우주인 은하계에 속해 있다.

밤하늘에 높이 구름처럼 떠 있어 보이는, 태양계가 속

해 있는 은하계는, 긴 직경이 대충 10만 광년이나 되고 그 안에 있는 항성(태양과 같은 별)만 해도 1,000억 개가 넘는다고 하니, 상상하기조차 힘든 크기이다. 뿐만 아니라 지금까지 알려진 바에 따르면, 이 대우주 안에는 그러한 10만 광년의 직경을 가진 소우주만 해도 2,000억 개가 넘는다고 한다.

그러고 보면 우리 태양계는 넓은 모래밭에 깔린 한 알의 모래알에나 비교해야 할는지……. 그러한 어마어마한 우주도 일사불란한 우주의 법칙(섭리)에 의하여 운행되고 있음을 잊어서는 안될 것이다. 극대(極大)세계의 법칙은 그것이 곧바로 극소(極小)세계의 법칙으로 탈바꿈될 수 있기 때문이다.

이제 다시금 대우주의 공간에서 태양계로 주의를 돌려 보자. 태양계의 주인격인 태양의 둘레를 공전하는 행성에는 지구형 행성인 수성·금성·지구·화성 등이 있는데, 이들은 비교적 태양과 거리가 가깝고, 목성형 행성인 목성·토성·천왕성·해왕성·명왕성 등은 비교적 태양과 거리가 멀다. 가깝다는 지구도 태양과의 거리가 1억 5,000만 킬로미터나 되고 광속으로는 약 8분 거리다.

이들은 다 같이 태양의 주위를 자전하면서 공전하지만, 모든 태양계 행성들을 똘똘 뭉쳐보았자 놀랍게도 그 질량의 크기는 태양의 약 1퍼센트 정도에 불과하다는 것이다. 그러고 보면 이 지구라는 땅덩어리는 태양이라는 위대한

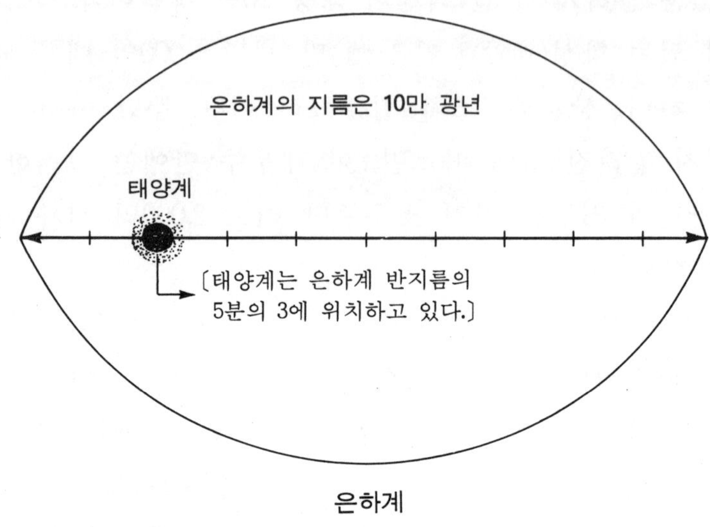

은하계

항성 앞에 엎드린 모래알 같은 한 종자(從者)로서 바위와 물로 뭉쳐진 한 줌 흙이 아닐 수 없다.

그러나 이 위대한 태양의 자그마한 한 종자로 태어난 지구도 생성연대는 적어도 46억년에서 50억년으로 추산되고 있으니 옛날 옛적 태고시절은 과연 이렇게도 길고 먼 것일까. 그러면 우리 지구는 이렇듯 긴긴 세월을 어떻게 보냈으며 그 동안에 어떠한 변화를 겪었을까. 신토불이의 원리를 정립하고자 하는 우리들의 욕심을 이 점에 쏟아보지 않을 수 없다. 이는 바로 우리 생명의 시원과도 깊은 관련이 있기 때문이다.

3. 지구의 생성

지금까지 우리는 '신토불이'의 신(身)은 한 생명체로서의 '신'이요, 토(土)는 지구 위의 풍토적 동질성을 갖춘 한 지점을 가리킨 것이요, 불이(不二)는 이 둘이 떨어지지 않고 하나로서 존재함을 의미한다고 하였다.

또한 이 땅에 뿌리를 내린 한 생명체라 하더라도 그들은 대우주의 조직적 구조를 이탈하여 외톨이로 성장하는 것도 아니요, 대우주의 운행체계를 벗어나 혼자 둥둥 떠서 활동하는 것도 아님을 보았다. 그러므로 모든 생명체는 이 지구를 모태로 하여 우주 질서와 더불어 생성되고 나아가서는 진화된다는 사실도 알게 되었다.

그러므로 이 지구는 대우주권 안에서는 설령 극히 미소한 존재이지만—창공에 뜬 한 알의 먼지만도 못하지만—우리 인간을 영장으로 삼는 모든 생명체에게는 다시 없는 소중한 존재가 아닐 수 없다.

창공을 바라다보면서 "별 하나 별 둘"을 셈하고 "달아 달아 밝은 달아 이태백이 놀던 달아"를 부르던 때의 이 지구는, 천원지방(天圓地方)이라 하여 하늘은 둥글고 땅은 동서남북 사방이 모난 것으로 이해되었다.

그러나 인간의 지혜는 이러한 원초적이요 시적인 감상의 세계에 그대로 머물러 있지 않았다. 태양이 지구를 돌면서 동에서 떠 서로 지는 것이 아니라 지구가 스스로 돌면서(자전) 밤낮을 마련하는 둥근 공 모양이요, 그것이 태양 주위를 한 바퀴 도는 기간에 봄·여름·가을·겨울 365일의 연륜이 기록된다는(공전) 사실을 알게 되었다. 마침내 우리는 우리들이 살고 있는 이 지구가 태양계의 여러 행성 가운데 하나에 지나지 않는다는 천문학적 지식에 눈을 뜨게 되었다.

천문학적으로는 한 알의 먼지에 비할 수 있는 초라한 지구이지만, 왜 우리들은 다시 없는 소중한 존재로 이를 아끼고 가꾸어야 하는 것일까. 그것은 앞에서도 지적한 바 있듯이, 지구탄생 46억년의 역사는 그것들이 고스란히 뭉쳐서 오늘 우리들의 생명체 속에서 그대로 살아남아 있기 때문이다. 그러므로 이 지구의 생성과정, 곧 그 역사를 살펴보는 것은 곧바로 우리 생명체의 생성역정(生成歷程)을 살펴보는 것이다.

지구는 태초에 태양계가 형성되는 과정에서 다른 행성들과 더불어 태양에서 이탈한 한 개의 불덩어리 별똥에 지나지 않았다. 이러한 학설을 학문적으로는 운석설(隕石說)이라 하거니와, 이에 앞서 지구탄생설에는 성운설(星雲

說)과 조석설(潮汐說) 등이 있다. 이 세 가지 가설에는 제각기 장단점이 있지만 이 문제에 관한 한 더 이상 깊이 언급하는 데는 별다르게 흥미를 느끼지 않는다. 왜냐하면 지구가 어떠한 방법으로 태어났건, 하나의 둥근 공 모양으로 뭉쳐 오늘에 이르게 된 경위를 알아내는 것이 더욱 관심을 끄는 대목이기 때문이다.

단적으로 말해서 태양계 형성과정에서 밝히지 않을 수 없는 중요한 문제의 하나는, 어떻게 해서 우주공간에 떠 있는 태양을 중심으로 하여 가까이 또는 멀리에서 그 주변을 맴도는 지구를 포함한 모든 행성들이 한결같이 자전하면서 동시에 공전하고 있는 것일까 하는 것이다. 공전이건 자전이건간에 움직인다는 것은 힘을 의미하고, 그 힘은 곧 에너지, 또는 기(氣)이다. 그렇다면 이 '기'는 어디로부터 온 것인가, 아니면 그 자체 안에 이미 존재하는 것일까.

이것을 우리들은 지금까지 대충 인력(引力)이라는 개념으로 정리하고 있다. 그런데 재미나는 것은 이 인력은 작용과 반작용에 의하여 당기고 늦추어가면서 균형잡힌 운동을 지속하고 있다는 사실이다.

동양에서는 이 점을 철학적으로 설명하기를, 우주는 음(陰)과 양(陽)으로 생성 발전한다고 하였다. 이를 음양설(陰陽說)이라 하여 우주창조의 기틀로 삼고 있다. 사람에게는 호흡이 이를 대표하여 한 번 들이마시고 한 번 내뿜는 것으로 이를 상징적으로 나타내고 있다.

그 탄생의 경위가 어떠했든, 지구가 드디어 고고지성(呱呱之聲)을 울리면서 우주 공간에 둥실 뜨게 된 후 오늘에 이르는 약 46억년이라는 세월은 얼마나 고달팠을까. 그런데 일 좋아하는 천문학자들의 셈으로 보아서는 지구는 아직은 청춘기라 하니 반가운 일이 아닐 수 없다. 지구의 수명을 130억년으로 친다면 지구는 아직 30대 청년기의 삶을 살고 있기 때문이다.

이러한 잠꼬대 같은 천문학자들의 이야기에 솔깃하여 말려든다면 추야장(秋夜長) 긴긴 밤을 꼬박 새운다 하더라도 밑도 끝도 없는 이야기가 쏟아져나올 것이다. 이제부터라도 어서 서둘러 이 지구가 한 덩어리로 뭉쳐진 그 이후의 이야기로 말머리를 돌리기로 하자.

맨 먼저 우리의 관심이 쏠리는 것은 용암(熔岩) 덩어리로 된 이 지구의 지각(地殼)이 어떠한 경로를 밟아 해륙(海陸)과 대기권(大氣圈)으로 변화하였는가 하는 점이다. 지구의 지각변동현상을 알지 않고서는 지구 위의 삼라만상을 알 수 없겠기 때문이다. 지구 위에 있는 생물들의 진화는 지구의 지각조성과 밀접한 관계가 있다.

닭이 먼저냐 달걀이 먼저냐. 이른바 지구 위 생태계의 변화는 환경이 그렇게 만든 것인가, 아니면 생태계의 형성이 지구환경을 조성하는 것인가. 이에 관한 대답은 뻔하다. 닭이 알을 낳았기에 거기서 병아리가 나오게 된 것과 같이 지구가 변화하여 생물이 나오게 되었기에 거기서 생태계가 조성된 것이다. 그럼에도 불구하고 우리는 얼마만큼이나 지구환경과 생태계의 관계를 깊이 이해하고 있는 것일까.

흔히 물리학에서 무기물질은 고체·액체·기체 등 셋으로 나누고 이밖에 생물학적 유기체를 들고 있다.

지구에도 고체에 해당하는 암권(岩圈 ; 육지)과 액체에 해당하는 수권(水圈 ; 해양), 기체에 해당하는 대기권(大氣圈 ; 창공)이 있고, 이밖에 유기물(有機物)에 해당하는 생물권(生物圈)이 있다. 아직까지는 이 대우주 안에 실로 생물권이 갖추어져 있는 행성(行星)이 하나라도 더 있는지조차 알 길이 없을 뿐 아니라, 그 속에 생명체가 발달하여 만물의 영장으로서의 인간과 같은 지성인(知性人)이 존재하는가의 여부는 더욱 알 길이 없으니, 실로 인간 존재야말로 조물주가 이 지구 위에 내려준 큰 은총이라고 볼 수밖에 없다. 이렇듯 조물주의 은총이 흠뻑 담긴 '신토불이'의 몸〔身〕이야말로 실로 존귀하지 아니한가.

지구는 그 가운데 우리 인간을 포함한 모든 생물을 위하여 밤낮을 가리지 않고 춘하추동 사계절 한시도 쉬지 않고 오늘의 풍토(風土 ; 환경)를 조성해준 것으로 풀이된다.

첫째, 대기권을 놓고 생각해보자. 불덩어리로 뭉친 지구의 초창기에 비와 구름이 분리되어 바다와 대기권으로 나누어졌을 때, 주된 성분은 이산화탄소 91퍼센트, 질소 6.4

퍼센트, 황화수소 2퍼센트라고 추정되지만, 수억년의 세월과 더불어 어느 때인가부터 대기는 질소 78.09퍼센트, 산소 20.95퍼센트, 아르곤 0.93퍼센트, 이산화탄소 0.03퍼센트, 수소 0.006퍼센트라는 황금비율로 탈바꿈하여 오늘에 이르고 있다.

지금으로부터 약 30억년 전 일로 추정되지만, 산소를 싫어하는 혐기성박테리아와 녹색 해조류(海藻類)가 광합성(光合成)을 통하여 이산화탄소를 해체하고 산소를 만들어 낸 사실은 이미 잘 알려진 바와 같다. 이로써 질소 대 산소의 8 대 2의 황금비율은 줄곧 산소를 좋아하는 호기성(好氣性)인 인간의 탄생을 도와 오늘에 이르고 있다. 8 대 2를 황금비율이라 하는 것은 산소의 비율이 높아도 인간은 36도의 체온을 유지 못한 채 불타 죽을 것이요, 그보다 낮으면 상대적으로 높아진 질소에 의해 질식하고 말 것이기 때문이다. 아! 신의 뜻의 고마움이여. 황금비율의 신묘함이여.

자연의 섭리는 여기에 그치지 않고 태양의 자외선(파장이 짧은 자외선)으로부터 지표의 생물을 보호하기 위하여 성층권 안에 오존층을 마련해놓고 있다. 성층권 안에 많은 산소가 쌓이게 되었을 때, 자외선의 에너지를 받으면 보통산소 O_2는 발생기산소 O가 되고, 이 O는 보통산소 O_2와 결합하여 오존 O_3가 되는 것이다. 이 오존이 신묘하게도 생물에 해를 끼치는 단파자외선을 흡수하여 지표 어디

서나 생물이 마음놓고 살 수 있게 해주니 그 은혜 어찌
잊을 수 있을까.

그럼에도 불구하고 정신을 못 차린 오늘의 인류의 후생

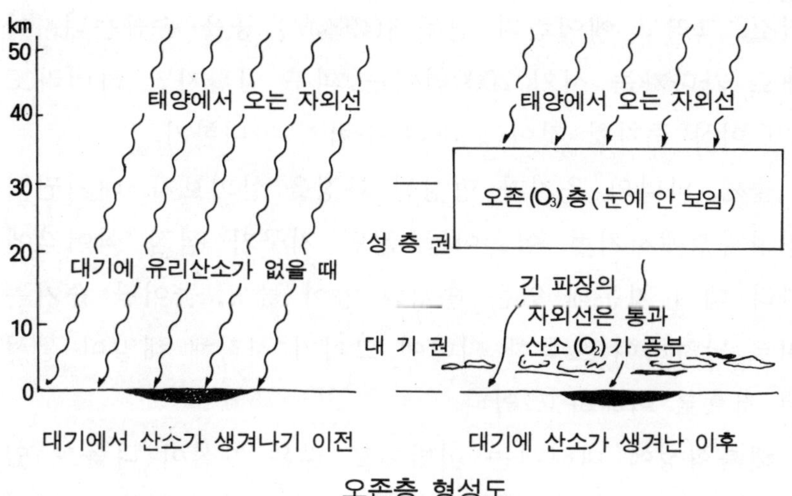

오존층 형성도

대기 가운데 산소가 쌓여감에 따라 성층권(stratosphere)에서는
산소원자와 산소분자가 결합하여 오존층(육안으로 볼 수 없음)을
형성하였다. 위의 두 그림은 대기에 산소가 생겨나기 이전과 이
후(오른쪽)를 비교한 것이다. 대기에 유리산소가 없을 때에는
태양에서 오는 자외선이 그대로 지표에 도달하여 (그 가운데 파
장이 짧은 자외선들은 생물의 세포를 파괴하므로) 생물이 살 수 없
는 환경을 만든다. 대기 위쪽에 오존층이 있을 때(현재와 같이)
에는 파장이 짧은 자외선은 오존층에 흡수되어버리고 생물에
해를 미치지 않는 긴 파장의 자외선만 지표에 도달한다.

들은 그 은혜로운 오존층을 마구 파괴하고 있으니 안타까운 일이 아닐 수 없다.

파괴의 주범으로는 냉장고의 냉각제, 성층권을 나는 초음속비행기의 배기가스, 질소비료 사용에서 생기는 산화질소, 그리고 에어컨의 연무제(煙霧劑) 등을 손꼽는다. 이대로 가다가는 서기 2000년에는 피부 암환자만 하더라도 2배 이상 증가할 것이라 하니 두렵지 아니한가.

둘째, 바다와 육지가 형성된 과정을 살펴보자. 대기권의 형성과정에서처럼 이글이글 끓던 지구가 점점 식어감에 따라 대기 가운데 있는 습기의 양이 늘고, 늘어난 습기는 비로 낙하하여 오목한 지대에 고이기 시작해 해양이 생성된 것으로 이해하고 있다.

해륙형성에 대해서는 이밖에도 많은 가설이 나돌고 있으므로, '이것이다' 하고 딱 부러지게 이야기할 수는 없지만, 생물의 진화과정이 바다에서 육지로 올라온 것이라 한다면 대기권과 함께 그들의 지질학적 구조에 대하여 깊은 관심을 기울이지 않을 수 없다.

바다가 생명탄생의 원천임은 이미 잘 알려진 상식이다. 인체의 70퍼센트가 수분으로 되어 있고 바다의 물이 또한 육지의 70퍼센트라 하니 기묘한지고, 바다의 신비함이여! 뿐만 아니라 해수의 자연염분은 사람의 혈액 농도와 비슷하여 생명수 구실을 톡톡히 하고 있으니 자연 섭리의 기묘함을 여기서도 읽을 수 있다.

바닷물뿐만이 아니라 인체의 혈액이 온몸을 적시듯 지하수의 용량은 전지구를 구석구석 적시어주고도 남음이 있다. 염분이 섞이지 않은 청정수란 이를 두고 이른 말이 아닐 수 없다. 정성 어린 정화수를 마련해주신 하늘의 뜻이 여기에 있는가 하여 그저 고마워할 따름이다.

전문적인 술어로는 조산(造山)운동이라 불리는 현상에 따라 화강암층(花崗岩層)이 육지화한 것으로 본다. 이렇듯 바다와 육지의 분리로 말미암아 바다에서 육지로 상륙한 동식물은 급진적인 진화과정을 밟게 된 것으로 여겨진다.

흙 속에 섞인 미생물은 토양의 영양을 풍부하게 해줌으로써 식물의 활력을 돋우어주었다. 식물의 푸른잎은 땅 속의 수분과 대기 가운데의 이산화탄소를 가지고 광합성하여 무한한 산소를 공급함으로써 생태계의 묘리를 담당하는 주인공이 된 셈이다.

이렇듯 우리의 생명체는 땅·바다·대기 삼계에 걸친 자연의 섭리를 하나로 뭉친 조물주의 작품이라 이르지 않을 수 없다. 한 생명체로서의 '신토불이'의 몸(身)을 어찌 존귀하다 이르지 않을 수 있겠는가.

4. 생명의 진화

지금 우리들은 내 자신이 어떻게 태어났는지 까맣게 모르고 산다. 따지고 보면 어머니의 뱃속에서 열 달 동안 자랐건만 그러한 사실들을 기억하지 못하는 것은 물론이거니와, 이 세상에 태어날 때 겪었던 어머니의 산고도 전혀 모른다. 말하자면 거저 태어난 것만 같다.

그런 우리들더러 생명의 시원을 물으니 덩둘할밖에 다른 도리가 없지 않겠는가. 더군다나 생명의 시원은 수천만년도 더 훨씬 전인 수십억년 전으로 올라가야 한다고 한다면, 넋나간 사람의 잠꼬대 정도로 받아들이지 않을 수 없을지 모른다. 그러나 그러지 않고서는 밝혀낼 수 없는 것이 생명의 뿌리인 것을 어찌하랴.

우리의 생명은 조물주의 섭리에 따라 창조된 것이라고 하면 더 할 말이 없다. 그러나 지구의 생성연대가 46억년 전이라고 밝혀놓은 현대 지질학자들이나 생물학자들은 결코 이러한 종교적 신앙 따위는 받아들이려 하지 않는다. 물론 생물학자들의 논리에도 가설적인 대목이 너무 많은

자리를 차지하고 있기는 하지만, 그들의 과학적 업적에는 놓쳐서는 안될 대목도 적지 않음을 알아야 할 것이다.

물론 지구 위의 환경, 곧 물과 태양열과 대기 등이 생명력 형성에 좋은 조건을 제공해주었기 때문이기도 하지만, 그러한 환경에 적응할 수 있는 생명의 자생력이 없었다면 어찌 수십억년의 긴 역정을 견디어내면서 오늘의 성장을 가져올 수 있었겠는가. 그러므로 생명 탄생의 역사는 환경적응의 역사라 이르지 않을 수 없다.

그렇다면 생명탄생의 모태로서의 지구 위의 자연환경은 그 긴긴 수십억년의 세월을 어떻게 변화하며 버티어오고 있는 것일까.

지금으로부터 약 46억년(천문학적 숫자여서 실감이 되지 않겠지만 앞으로도 자주 이런 숫자를 대하게 될 것이므로 조용히 눈을 감고 얼마나 되는가 1에서부터 셈하여 보도록 하자) 전에 용암(熔岩) 덩어리가 굳어진 채 지구가 된 이후 약 10억년 동안은 그저 조용히 공전과 자전을 하면서 생물 없는 무생대암시대(無生代岩時代)를 겪었다.

이러한 이른바 천문학적 숫자의 연대구분은 지질학자들의 끈질긴 탐구에 의하여 조사된 지층에서 얻어진 연구결과이다.

이에 따른 지구의 연대구분은 무생시대(無生時代) 다음에 지질시대(地質時代)로 이어진다. 35억년 전부터 생명체로서의 하등조류(下等藻類)가 생성된 첫 내디딤을 시생대

지 질 시 대

지질시대 구분			대표적 생물	절대연수
신생대	제 4 기		인 류 시 대	250만년 전
	제 3 기		포 유 류 시 대	6500만년 전
중생대	백 악 기		현 화 식 물	1억 4천만년 전
	주 라 기		파 충 류 시 대	1억 9천만년 전
	트 라 이 아 스 기		나 자 식 물	2억 3천만년 전
고생대	페 름 기		양 서 류 시 대	2억 8천만년 전
	석 탄 기		(고사리식물)	3억 5천만년 전
	데 번 기		어 류 시 대	4억년 전
	실 루 리 아 기			4억 3천만년 전
	오 르 도 비 스 기		삼 엽 충 시 대	5억년 전
	캄 브 리 아 기			5억 7천만년 전
원 생 대	전 캄브리		(하등조류시대)	23억년 전
시 생 대	아시대			35억년 전
지구의 별 시대			생물 없음	45억년 전

(始生代)에 이어 원생대(原生代)라 이르고, 이 두 시대를 합하여 전(前)캄브리아시대라고도 한다. 여기서 하등조류는 박테리아 원핵세포(原核細胞)로서의 녹색해조류(綠色海藻類)로, 생물의 시생단위로 간주되는 것이라고 할 수 있다. 일반적으로 모든 생물은 박테리아를 시조로 하여 진화 발전했다고 이르는 것은 바로 이 때문이다.

그후 고생대(古生代)로 접어들면서 삼엽충시대(三葉蟲時

代)로 발전하여 어류시대(魚類時代)를 거쳐 양서류시대(兩棲類時代)를 낳는 데만 해도 약 5억년의 세월이 걸린 것으로 기록되어 있다.

중생대(中生代)로 넘어와서는 나자식물(裸子植物)시대를 거쳐 현화식물(顯花植物)시대를 낳고 그 사이에 파충류(爬蟲類)시대를 거치는 데만 해도 약 1억년의 세월을 겪어야 했다.

끝으로 신생대(新生代) 6500만년은 포유류(哺乳類)시대 6000만년과 인류시대 250만년이 이를 메워줌으로써, 우리는 비로소 인류진화의 마지막 종착역에 도착하였다.

얼마나 지루하고도 긴 여로였을까. 그러나 인류는 마지막 단계에서도 각별한 시련의 곤경을 넘어야만 했다. 신생대 4기에 이어 홍적세(洪積世)의 홍수·빙하기를 맞은 것이다.

홍적세는 약 250만년 전부터 홍수로 인하여 지층이 쌓인 시대를 가리킨다. 약 100만년 동안의 홍적세가 끝나고 그 전기·중기·후기가 계속되는 동안에 제1·제2·제3·제4의 빙기가 차례로 이어지고, 빙기와 빙기 사이에 또 제1·제2·제3의 간빙기가 끼어든다. 이어 약 1만년 전에—어쩌면 최근세나 다름 없는 시기에—충적세가 시작되었다. 이는 지질시대 제4기 최후의 후빙기, 곧 홍적세의 대빙하가 녹은 다음의 후빙하시대를 가리키며 신석기시대 이후 현재에 이르기까지가 이에 해당한다.

홍적세의 시대구분

		유 럽	아프리카	시 기	구석기문화	인 류
제4기	충적세	후(後)빙기	후(後)우기		후기중기 석도계문화 박편석기계문화	신인 구인
	홍적세 후기	뷔름빙기	감불우기	1만년 전		
		제3간빙기	간우기	7만 5천년 15만년		
	홍적세 중기	리스빙기	카니예라우기	20만년		
		제2간빙기	간우기	40만년		
		민델빙기	카마시아우기	50만년		
	홍적세 전기	제1간빙기	간우기	70만년	전기 악부계문화	原人 猿人 人
		귄츠빙기		100만년		
	조기	빌라프란카기	카게라우기	200만년	역석기계문화	

　빙하시대에는 지각형성의 과정과 함께 극심한 기후변동
이 수반되었을 것이지만, 동물이나 식물을 완전히 전멸시
킬 정도는 아니었을 것으로 본다. 지상에 빙하가 넓게 진
출했을 때에 동물들은 좀더 따뜻한 곳을 찾아 이동하지
않을 수 없었을 것이다. 인류라 해서 예외일 수는 없다.
제4뷔름빙기 때는 기온의 강하가 훨씬 더 남쪽까지 뻗쳤
으므로, 집단적으로 이동을 하지 못했거나 이 기온변동에
미처 적응하지 못한 많은 생물들이 멸종하였을 것으로 추
측되기도 한다. 그럴 때에 북방계 동물들은 남쪽으로 이

동함으로써 멸종을 면할 수 있었을 것이니, 인류의 경우도 마찬가지였을 것으로 짐작된다.

빙하기의 반복 도래는 생물계의 생멸에 영향을 미쳤을 뿐만이 아니라, 바다와 육지의 판도에도 적잖은 변화를 가져왔다. 빙기와 간빙기가 바뀔 때 기온 상승으로 말미암아 얼음과 눈이 녹아 바다로 흘러들었으므로, 바다의 수면은 높아지고 낮은 육지는 바다 속으로 침몰하는 이른바 해진현상(海進現象)을 일으켰을 것이고, 빙기에는 이와 반대로 지상의 수분이 눈으로 쏟아져 육지에 쌓임으로써 바다의 수면이 낮아져 수심이 얕은 대륙붕이 물 위로 부상하는 이른바 해퇴(海退)현상을 일으켰을 것이다.

그럴 적에 베링해협이나 지브롤터해협은 육교로 변하여 아시아와 아메리카가 연결되고, 아프리카와 유럽이 뭍으로 이어져 인류가 대륙 사이를 이동하는 통로가 되었을 것이다.

빙하시대의 이러한 기후변화는 빙하가 발달할 수 없었던 아프리카나 동남아시아와 같은 열대지방에서는 빙기와 간빙기 대신에 우기(雨期)와 간우기(間雨期)로서 나타났을 것이다. 우기에는 습기가 많아 산림이 무성했을 것이고, 간우기에는 건조한 기후가 계속됨으로써 널따란 사막을 만들기도 했을 것이다.

자! 우리들 각자의 생명이 뜻하지 않게도 어머니의 모태를 빌려 태어났다 하더라도, 원생생물 이후 우리 생명의 조상들은 35억년이라는 끈질긴 여행을 견디어낸—다시 말하면 그러한 모든 환경의 변화에 적응한—사실을 알 수 있다.

물론 진화론자들은 이러한 진화과정을 여러 가지 학설을 내놓아 설명하고 있다. 그 가운데 중요한 것이 이른바 자연도태(自然淘汰) 또는 자연선택론(自然選擇論)이요, 종(種)의 생명이나 속(屬)으로의 진화는 유전·변이·비약·반복의 끈질긴 과정을 겪었다는 사실을 잊어서는 안될 것이다. 그러한 의미에서 오늘의 우리들은 거기에 뿌리를 내리고 있는 35억년 마라톤주자의 최후의 승리자라는 사실을 기억해야 한다.

거저 생긴, 어쩌면 거저 굴러떨어진 자신의 생명이라는 인식에 문제의 심각성이 깃들어 있음을 알아야 한다는 것이다. 우리 신토불이의 몸[身]이 오랜 세월의 진화에 근원하고 있다는 사실을 잊어서는 안될 것이다.

지금까지 우리는 지구의 표층에만 매달려왔다. 그것은 우리 자신들이 주로 지구표층의 변화에 적응하며 살아왔기 때문이다. 그러나 지구는 결코 수평으로서의 표층만 있는 것이 아니라, 수직적인 구조도 있다. 망망대해를 항해하자면 그 드높은 파도에 놀라겠지만, 그러나 대양의 깊이는 에베레스트산을 거꾸로 집어넣어도 거뜬히 먹어삼킬 만큼 깊다.

좀 허튼 이야기로 들릴는지 모르나, 지구의 이야기에서 빼놓을 수 없겠기에 잠시 머리도 식힐겸 지구 내부 이야기를 간단히 살펴보기로 한다.

지구 내부의 6,400킬로미터 심층구조를 제시하면 다음과
같다.

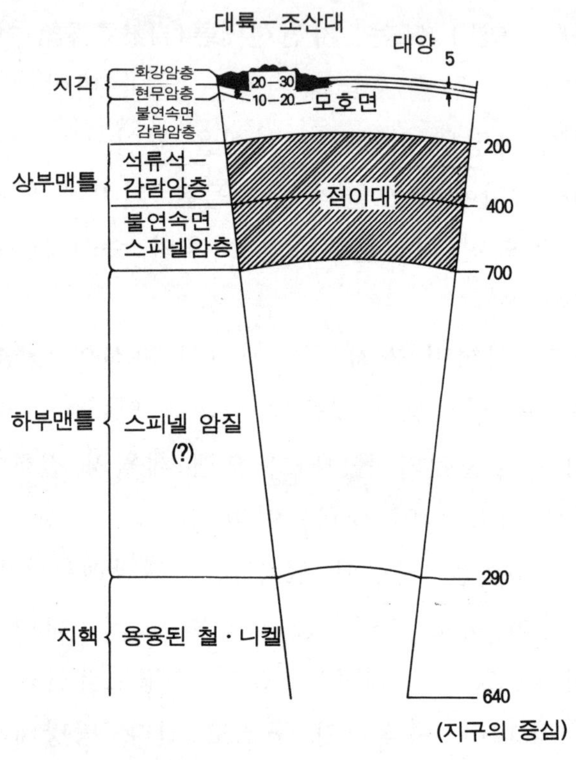

지구의 단면(수치단위는 km)

지구의 심층구조가 형성되기까지는 표층에서 일어난 생
물학적 변화와 다름 없이 긴 진화의 역사를 겪었을 것이
다. 그러므로 이러한 심층구조의 여러 가지 특질도 진화

의 역사적 산물임은 다시 말할 나위도 없다.

지구의 인력만 하더라도 역사적 산물이라는 점에서는 결코 예외일 수가 없다. 지구 전체의 용적은 이미 명백해졌으므로 인력을 실제로 계산한다면 지구 전체의 평균밀도($1cm^3$의 그램수)를 계산해서 답을 얻을 수 있다. 그 값은 5.5라는 수치를 나타내지만, 지구표면에서 채집할 수 있는 암석은 2에서 3의 밀도밖에 되지 않는다는 사실을 미루어 생각한다면 대단히 기묘한 값이라 이르지 않을 수 없다. 왜냐하면 이것은 지구 내부에는 좀더 무거운 물질이 있어서 그것이 강하게 인력을 작용시키고 있어 지구의 평균밀도가 높게 나타나는 것으로 간주하는 외에 다른 방법이 없음을 말하는 것이기 때문이다.

그리하여 지구 중심부분의 밀도는 철이나 납 등의 밀도에 해당되는 10에서 12나 되고, 그 바깥쪽 지표부분의 밀도는 보통암석이 가지는 3.5 안팎에 지나지 않으므로, 지구의 내부는 중심으로 들어갈수록 무거운 물질로 구성된 층상구조(層狀構造)로 되어 있는 것으로 추정하기에 이르렀다.

이런 구조는 지구내부로 전달되는 지진파(地震波) 모양으로도 확인되고 있다. 지진은 주로 지구표층에서 일어나지만, 그 파상만은 지구내부 여러 방향에 전달되므로, 세계 여러 관측소에 있는 지진계의 바늘을 움직이게 한다. 이것은 마치 의사가 흉곽질환을 타진(打診)으로써 진단하는 것과 똑같은 원리에 입각한 것이다. 그리하여 동일한 지진을 세계 각지의 지진계에 의하여 기록된 지진파를 종합 분석해보면, 지하의 일정한 깊이에서 지진파가 굴절하거나 반사한다는 사실을 알게 된다. 이런 현상은 지진파와 똑같은 파장의 성질을 가진 빛이 밀도가 다른 물질의 경계선에서 일으키는 굴절 및 반사현상과 다를 바 없는 것으로 보아, 지진파도 지하 깊은 곳에서 밀도가 다른 물질이 경계선에서 접속되어 있다는 것을 암시한다.

이러한 지구의 층상구조는 어떠한 경로를 거쳐서 형성되었을까. 궁금한 일의 하나이기는 하지만 이 점은 전문가에게 맡기고 우리는 지구의 엄청난 심층구조의 현상을 살피는 데 그치는 것이 좋을 듯하다. 그러나 끝으로 하나 더 덧붙이고 싶은 것은 이 6,400킬로미터나 되는 깊은 심층구조 속에는 이른바 지하자원이라는 이름의 금은보화, 석유·석탄 등 에너지자원이 있어 오늘의 우리 생활을 풍요롭게 해주고 있다는 것이다. 그러나 우리들은 그것들을 너무나 헤프게 쓰고 있는 것은 아닐까. 이 문제는 다음 공해문제를 다룰 때 좀더 깊이 생각해보기로 하자.

이로써 우리는 인간 생명은 35억년의 세월과 반지름 약 6,400킬로미터의 지구라는 어머니의 등에 업혀 오늘 여기에 태어났음을 확인하게 되었다.

장할손, '신토불이'의 인간(身)이여! 아울러 '신토불이'의 자연(土)이여! 그대 둘은 영원히 둘이 아니라 하나일 것이며 하나이어야 할 것이다.

5. 인간의 탄생

지금까지 보아온 대로 지구 위에 인류가 나타나기까지는 실로 멀고도 긴 세월이 필요했다.

지질학에서는 지구의 연대를 크게 시생대·고생대·중생대·신생대 등 4기로 구분하는데, 그 마지막 신생대는 대략 6500만년 전에 시작되었을 것으로 본다. 이것을 지구 생성연대와 비교한다면 겨우 40분의 1밖에 되지 않는 세월이다.

신생대는 다시 인류의 조상으로 보이는 신인(新人)이 등장한 제3기와, 인류의 시대라 일컬어지는 제4기로 나누어진다. 인류의 시대로 분류되는 마지막 신생대의 제4기는 약 200만년 전부터 시작되는데, 이는 신생대 전체의 겨우 20분의 1에 지나지 않는다. 이렇듯 200만년이라면 지구연령의 40분의 20분의 1, 곧 그의 800분의 1에 지나지 않는다. 그러나 인생 백년으로 따진다면 2만세를 살고도 남는 긴 세월이다.

그러한 신생대 제4기는 다시 홍적세와 충적세로 나누어

진다는 사실들은 이미 앞에서 보아온 바와 같다. 홍적세는 동서를 막론하고 대홍수의 시대였다. 《구약성서》에 나오는 '노아의 홍수'시대가 이에 해당할 것이요, 이러한 홍수는 동북아시아에서도 예외가 아니었을 것이다.

노아의 홍수이야기는 우리들의 상식에 속하는 일이기는 하지만,《구약성서》창세기에 실려 있는 내용을 그대로 읽을 수 있는 기회는 기독교인을 제외하고는 좀처럼 가질 수가 없다. 이 기회에 노아홍수의 실상을 살펴보는 것도 좋을 듯하여 성경의 본문 가운데 홍수 부분만을 뽑아서 읽어보자.

새 세상을 위한 준비를 갖추시다.

그래서 하느님께서는 노아에게 이렇게 말씀하셨다.

"세상은 이제 막판에 이르렀다. 땅 위는 그야말로 무법천지가 되었다. 그래서 나는 저것들을 땅에서 다 쓸어버리기로 하였다. 너는 전나무로 배 한 척을 만들어라. 배 안에 방을 여러 칸 만들고 안과 밖을 역청으로 칠하여라.

그 배는 이렇게 만들도록 하여라. 길이는 삼백 자, 나비는 오십 자, 높이는 삼십 자로 하고, 또 배에 지붕을 만들어 한 자 치켜올려 덮고 옆에는 출입문을 내고 상·중·하 삼층으로 만들어라.

내가 이제 땅 위에 폭우를 쏟으리라. 홍수를 내어 하늘 아래 숨쉬는 동물은 다 쓸어버리리라. 땅 위에 사는 것은 하나도 살아남지 못할 것이다. 그러나 나는 너와 계약을 세운다. 너는 네 아들들과 네 아내와 며느리들을 데리고 배에 들어가거라. 그리고 목숨이 있는 온갖 동물도 암컷과 수컷으로 한 쌍씩 배에 데리고 들어가 너와 함께 살아남도록 하여라. 온갖 새와 온갖 집짐승과 땅 위를 기어다니는 온갖 길짐승이 두 마리씩 너한테로 올 터이니 그것들을 살려주어라. 그리고 너는 먹을 수 있는 온갖 양식을 가져다가 너와 함께 있는 사람과 동물들이 먹도록 저장해두어라."

노아는 모든 일을 하느님께서 분부하신 대로 하였다.

야훼께서 노아에게 말씀하셨다. "너는 네 식구들을 다 데리고 배에 들어가거라. 내가 보기에 지금 이 세상에서 올바른 사람은 너밖에 없다. 깨끗한 짐승은 종류를 따라 암컷과 수컷으로 일곱 쌍씩, 부정한 짐승은 암컷과 수컷으로 두 쌍씩, 공중의 새도 암컷과 수컷으로 일곱 쌍씩 배에 데리고 들어가 온 땅 위에서 각종 동물의 씨가 마르지 않도록 하여라. 이제 이레가 지나면 사십 일 동안 밤낮으로 땅에 비를 쏟아 내가 만든 모든 생물들을 땅 위에서 다 없애버리리라." 노아는 야훼께서 분부하신 대로 다 하였다.

땅 위에 홍수가 난 것은 노아가 육백세 되던 해였다. 노아는 아들과 아내와 며느리들을 데리고 홍수를 피하여 배에 들어갔다. 또 깨끗한 짐승과 부정한 짐승, 그리고 새와 땅 위를 기어다니는 길짐승도 암컷과 수컷 두 쌍씩 노아한테로 와서 배에 들어갔다. 노아는 모든 일을 야훼께 분부받은 대로 하였다. 이레가 지나자 폭우가 땅에 쏟아져 홍수가 났다. 노아가 육백세 되던 해 이월 십칠일 바로 그날 땅 밑에 있는 큰 물줄기가 모두 터지고 하늘은 구멍이 뚫렸다. 그래서 사십 일 동안 밤낮으로 땅 위에 폭우가 쏟아졌다.

바로 그날 노아는 자기 아내와 세 아들 셈·함·야벳과 세 며느리를 배에 들여보냈다. 그리고 그들과 함께 각종 들짐승과 집짐승, 땅 위를 기는 각종 파충류와 날개를 가지고 나는 각종 새들을 들여보냈다. 몸을 가지고 호흡하는 모든 것이 한 쌍씩 노아와 함께 배에 올랐다. 그리하여 하느님께서 노아에게 분부하신 대로 모든 짐승의 암컷과 수컷이 짝을 지어 들어갔다. 그리고 노아가 들어가자 야훼께서 문을 닫으셨다.

홍수가 나다.

땅 위에 사십 일 동안이나 폭우가 쏟아져 배를 띄울 만큼 물이 불어났다. 그리하여 배는 땅에서 높이 떠올랐다. 물이 불어나 땅은 온통 물에 잠기고 배는 물 위를 떠다녔다. 물은 점점 불어나 하늘 높이 치솟은 산이 다 잠겼다. 물은 산들을 잠그고도 열다섯 자나 더 불어났다. 새나 집짐승이나 들짐승이나 땅 위를 기던 벌레나 사람 등 땅 위에서 움직이던 모든 생물이 숨지고 말았다. 마른 땅 위에서 코로 숨쉬며 살던 것들이 다 죽고 말았다. 이렇게 야훼께서는 사람을 비롯하여 모든 짐승들 길짐승과 새에 이르기까지 땅 위에서 살던 모든 생물을 쓸어버리셨다. 이렇게 땅에 있던 것이 다 쓸려갔지만 노아와 함께 배에 있던 사람과 짐승만은 살아남았다. 물은 백오십 일 동안이나 땅 위에 괴어 있었다.　　　　　　　　　　　　(《구약성서》, 창세기 6~7장)

이처럼 소설보다도 더 재미있게 서술된 노아홍수설화에서는 홍수시대의 천변지이(天變地異)를 역력하게 읽을 수가 있다. 비록 종교적 신의(神意)를 빌려 서술된 자연의 섭리라 하더라도, 거기에는 선류(善類)만이 살아남는 준엄한 윤리성이 깃들어 있음을 읽을 수가 있다. 억수로 쏟아지는 소나기는 결코 일시적 장마현상에 그치는 것이 아니라, 반복되는 빙우기가 남겨놓은 해진현상을 여실히 보여주는 점이기도 하다. 이렇듯 우리 생명체는 적자생존의 험한 길을 얼마나 뚫어가며 살아야 했던가.

이와 비견되는 대홍수가 동방에도 있었으니 우(禹)의 9년치수가 바로 그것이다. 《맹자》에 기록된 내용을 옮겨보면 다음과 같다.

요(堯)임금 시절에는 천하가 아직 고르게 되지 않은 시절이라, 큰 홍수가 함부로 흘러서 천하를 뒤덮고 나무는 빽빽하게 무성하여 새나 짐승들이 우글우글하였고, 오곡은 익지도 않았으며, 새나 짐승들이 사람을 떠받고 달려드니 짐승의 발자취와 새들의 발자국으로 이루어진 길이 나라 안을 온통 얽어매놓았다. 이를 홀로 걱정한 요임금은 순(舜)을 천거하여 이를 다스리게 했던 것이다. 순은 익(益)에게 장화(掌火)벼슬을 준즉, 익은 산과 진털밭을 태워버렸다. 이에 놀란 새나 짐승들은 떼지어 숨거나 도망가면서 야단법석이었다. 이때에 우는 아홉 갈래 강하를 새로 통하게 하고 제(濟)·탑〔漯〕 두 강물을 끌어다가 바다로 쏟게 하였고, 여(汝)·한(漢) 두 강의 물길은 끊고, 회(淮)·사(泗) 두 강물은 밀쳐다가 강하로 쏟게 하였다. 그렇게 된 연후에야 비로소 나라사람들이 먹고 살게 되었던 것이다. 이때를 맞아 우

는 8년을 밖에서 떠돌면서 세 번이나 제 집 앞을 지나쳤지만 한 번도 들어가지 못했으니 스스로 밭갈이 하고 싶어도 할 수 있었겠는가.   (《맹자》, 등문공 상)

이 홍수설화는 노아의 그것과는 모양새가 다르긴 하지만 홍수가 범람하여 요·순·우 3대가 곤욕을 치르는 모습이 눈앞에 훤하게 다가오지 않는가.

이렇듯 인류는 빙하와 홍수로 인한 고난을 극복하면서 점차 만물의 영장으로 성장하였다.

제4기는 인류시대라 하지만 거의 99퍼센트를 차지하는 홍적세야말로 인류가 눈부시게 진화한 시대였다. 홍적세 말기에는 이 지구에 4대인종이 거의 다 등장하고 있다. 이 4대인종은 주로 피부빛깔을 기준으로 하여 몽골로이드(黃色)·니그로이드(黑色)·코카소이드(白色), 그리고 어느 특정한 빛깔에도 속하지 않는 남색, 또는 회색에 가까운 오스트랄로이드 등으로 구분된다. 전형적인 몽골로이드로서는 동시베리아에 분포되어 살던 퉁구스를 들 수가 있으니 우리 한족(韓族)은 여기에 속하여 있다.

진화론적 인류의 탄생은 기나긴 세월의 흐름과 더불어 이루어진 것이지만, 실로 만물의 영장으로서의 인간 탄생의 극적 순간은 동서간에 많은 설화를 낳고 있다는 사실도 우리는 잘 알고 있다. 이를 간추려보면 다음과 같다.

첫째, 《구약성서》의 첫머리에 나오는 천지창조와 아담

과 하와의 실낙원 설화를 손꼽지 않을 수 없다. 이는 진화론자들의 비판의 표적이 된 너무도 유명한 설화인데, 여기서 그 전문을 소개하기는 너무 길 것 같아서 아담과 하와의 탄생만을 읽고 넘어가기로 하자.

야훼 하느님께서 땅과 하늘을 만드시던 때였다. 땅에는 아직 아무 나무도 없었고 풀도 돋아나지 않았다. 야훼 하느님께서 아직 땅에 비를 내리지 않으셨고 땅을 갈 사람도 아직 없었던 것이다. 마침 땅에서 물이 솟아 온 땅을 적시자 야훼 하느님께서 진흙으로 사람을 빚어 만드시고 코에 입김을 불어넣으시니 사람이 되어 숨을 쉬었다.

(《구약성서》, 창세기 2장 5~7절)

이렇게 아담은 집짐승과 공중의 새와 들짐승의 이름을 붙여주었지만 그 가운데는 그의 일을 거들 짝이 보이지 않았다. 그래서 야훼 하느님께서 아담을 깊이 잠들게 한 다음 아담의 갈빗대를 하나 뽑고 그 자리를 살로 메우시고는 그 갈빗대로 여자를 만드신 다음 아담에게 데려오시자 아담은 이렇게 외쳤다.

드디어 나타났구나!

내 뼈에서 나온 뼈요

내 살에서 나온 살이로구나

지아비에게서 나왔으니

지어미라고 부르리라!

이리하여 남자는 어버이를 떠나 아내와 어울려 한 몸이 되게 되었다. 아담 내외는 알몸이면서도 서로 부끄러운 줄

을 몰랐다. (《구약성서》, 창세기 2장 20~25절)

우리 배달겨레의 슬기가 담긴 대종교(大倧敎)의 경전인
《신사기》(神事記)에는 다음과 같은 인간탄생설화가 실려
있다.

신령과 밝은 이들이 그 명령대로 제가끔 자기 직분을 행
하되 차고 덥고 마르고 젖고 하기를 때 맞게 하여 음양이
고르니 기고 날고 탈바꿈하고 헤엄질치고 심는 온갖 동식
물들이 지어지니라.

다섯 불건의 빼어난 것이 사람인데 맨 처음에 한 사나이
와 한 여인이 있었으니 나반(那般)과 아만(阿曼)이라. 한울
가람〔松花江〕 동서에 있어 처음엔 서로 오가지 못하더니 오
랜 뒤에 만나 서로 짝이 되니라.

그 자손이 나뉘어 다섯 빛깔의 종족이 되니 황인종·백인
종·흑인종·홍인종·남색인종 들인데, 한 옛날 사람들은
풀옷을 입고 나무열매를 먹고 깃을 치고 살며 굴 속에서
지내니, 어질고 착하여 거짓이 없이 순진한 그대로이므로
조화주께서 사랑하시사 거듭 복을 주셔서 그 사람들이 오
래 살고 또 귀하게 되어 일찍 죽는 자가 없었느니라.

(《신사기》 제1장)

살벌했던 에덴동산에 비하여 지극히 평화로운 낙원으로
묘사되어 있다. 여기에 이어서 또 하나 단군설화 가운데

서 인간탄생의 정경을 음미해보지 않을 수 없다.

　　이때에 범 한 마리와 곰 한 마리가 같은 굴 속에서 살고 있었다. 그들은 항상 신웅(神雄), 곧 환웅(桓雄)에게 빌어 사람이 되기를 원했다. 이때 신웅이 신령스러운 쑥 한 줌과 마늘 20개를 주면서 말하기를 "너희들이 이것을 먹고 100일 동안 일광을 보지 않으면 곧 사람이 될 것이다" 했다. 곧 곰과 범은 이것을 받아서 먹고 삼칠일 동안 기(忌)하니 곰은 여자의 몸으로 변했으나 범은 기를 잘못하여 사람의 몸으로 변하지 못했다.
　　웅녀는 혼인해서 같이 살 사람이 없으므로 날마다 단수 밑에서 아기 배기를 축원하였다. 신웅이 잠시 거짓 사람으로 변하여 그와 혼인했더니 이내 잉태하여 아들을 낳았다. 그 아기의 이름을 단군왕검(檀君王儉)이라 하였다.

(《삼국유사》 고조선)

　　어쨌든 모든 인간탄생 설화는 부부동반의 설화라는 점에서 그 유형을 같이하고 있다. 그러기에 《주역》 서쾌전에서는 천지가 있은 연후에 만물이 있고, 만물이 있은 연후에 남녀가 있고, 남녀가 있은 연후에 부부가 있고, 부부가 있은 연후에 부자가 있고, 부자가 있은 연후에 군신이 있다고 이르지 않았던가.
　　그러나 인간의 탄생은 그처럼 설화나 신화에서 처리되듯 결코 간단하지가 않다. 창조설에 반대하는 진화론자들의 업적을 추적하면 다음과 같다.

신생대의 신인(新人)들은 홍적세의 구인(舊人)보다는 새로운 연대의 인류였을 것이다.

신인이 활동한 후기구석기시대는 지금으로부터 약 4만년 전에 시작되었고, 구인은 약 10만년 전에 이미 지구 위에 등장했을 것이다. 이들 구인은 지구의 표면이 지금보다 훨씬 더 따뜻했을 제3빙기에 활동한 네안데르탈인이다. 이들의 탄생 역년(歷年)을 표시하면 별표와 같다.

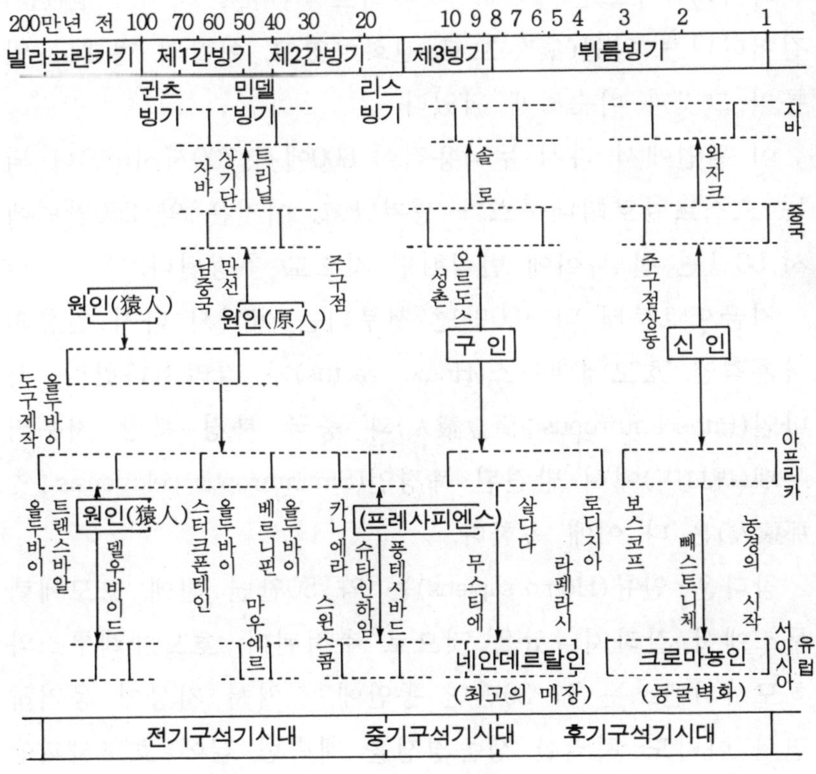

인류의 연표

인류는 포유류 가운데 영장목(靈長目)에 속하고 영장목은 각종의 원숭이들로 구성되어 있다. 이들은 약 1억년 전의 중생대말부터 발생한 것으로 추정된다.

3000만년 전에는 꼬리가 달린 유미원(有尾猿)이 등장하였고, 거기에서 다시 꼬리가 없는 무미원(無尾猿)으로 발전하여 고릴라·침팬지·오랑우탄 등의 선조로 보이는 드리오피데쿠스(Dryopithecus)로부터 약 1000만년 전에 인류의 선조라고 생각되는 라마피데쿠스(Ramapithecus)가 나왔다.

라마피데쿠스는 이미 두 다리로 똑바로 서서(二足直立) 걸어다니는 원인(猿人)으로 진화하였고, 이빨의 형태도 인류의 그것과 비슷하게 되었다.

이 원인에서 다시 두뇌용적이 600에서 700시시(cc)나 되는 오스트랄로피데쿠스가 생겨났고, 이것은 약 250만년에서 50만년 전 사이에 번식했던 것으로 추정된다.

지금으로부터 약 100만년 전부터는 여기서 다시 인류의 사촌격인 호모에렉투스(Homo erectus)가 갈라져나왔다. 자바인(Pithecanthropus ; 直立猿人)과 중국 북경 북방 저우커우뎬(周口店)에서 발견된 북경인(Sinanthropus pekinensis ; 支那猿人)은 다 이에 속한다.

참다운 인류(Homo sapiens)는 약 50만년 전에 호모에렉투스에서 갈라져나왔을 것으로 추정된다. 호모에렉투스와 호모사피엔스는 약 30만년 동안에 걸쳐서 지상에 동거하면서 아마도 치열한 생존경쟁을 계속한 끝에 호모사피엔스가 결국 영장류의 정상에 오르게 되었을 것이다.

영장류가 처음 지상에 나타났을 1억년 전에 비한다면 1만년의 인류 역사는 그야말로 눈깜짝할 사이에 지나지 않을 것이다.

이러한 인류사의 발전과정에서 우리 겨레의 조상들은 어디서 어떠한 삶을 영위하였을까. 이에 다음으로 책장을 넘기기로 하자.

6. 나는 한국인이다

나는 누구일까. 나는 분명 어버이의 아들로 이땅에 태어났다. 오늘도 새벽잠에서 깨어나 창문을 열고 무등산의 장엄한 모습을 보았다. 필자는 지금 광주에서 이 글을 쓰고 있다.

그러고 보면 나의 현주소는 내가 아침저녁으로 드나드는 내 집이요, 내가 사는 마을이다. 따라서 '신토불이'의 현주소도 내 집과 내가 사는 마을 안에 있을 것이다. 그럼에도 불구하고 왜 우리들은 지금까지 우주를 유랑하면서 천문학적 숫자에만 매달려왔으며, 노아의 방주를 타고 물 위를 떠돌고만 있었단 말인가.

그러나 먼길도 돌아가는 지혜가 필요할 때가 있다. 옛말에 "맨발바닥으로는 대지를 보지 못한다"(跣不視地)는 말도 있다. 너무도 가깝게 밀착되어 있기 때문이다. 그러므로 로켓을 타고 저 달 위에서 지구를 내려다보아야 중국의 만리장성도 온통 한눈에 담아볼 수 있다고 하지 않던가.

대체로 한 사물을 관찰하고 이해하자면 그것의 보편적 배경과 개체적 특성을 아울러 함께 보아야 한다는 것은 상식이다. 그러한 의미에서 우리들은 인간 생명의 시원을 관찰하고 이해하기 위하여 지금까지는 보편적 배경만을 살펴본 셈이다. 그러나 이제 다시금 구심적 방향으로 발을 돌려 우리 생명의 개체적 특성을 살펴야 할 차례에 이르렀다.

생명의 시원이 지층 속 깊이 묻혀 있던 화석에 박혀 있는 한 알의 단세포에서 비롯하였다 하더라도, 우리들은 그러한 단세포로서의 생명에 머물러 있지 않고 꾸준한 진화적 창조를 거듭해온 것으로 이해되고 있다. 우리 인류가 영장목에 끼어 있다가 마지막에 호모사피엔스로서 최후의 승자가 된 것도 그러한 진화과정의 결과요, 지금도 어느 의미로는 더욱더 높은 정상을 향하여 쉼 없이 진화적 창조가 이루어지고 있다고 해야 할는지 모른다.

지금까지의 원심적인 극대의 시야에서 다시금 구심적인 극소의 세계로 눈을 돌려 보면, 분명히 우리의 생명은 내 자신과 더불어 여기에 있다. 그것은 분명히 내게서 살아 숨쉬고 있는 생명으로서 내 안에 존재한 유일자(唯一者)이다. 그러므로 급기야 "생명은 하나다. 아끼고 가꾸자"로 집약되지 않을 수 없다.

그러나 비록 단세포에서 진화된 인간의 생명이기는 하지만, 오늘 인간의 현존태(現存態)는 결코 그러한 생물학적 조직으로서만 이해될 수 없는 문화적 복합체라는 사실을 이해하지 않으면 안된다. 인간은 시간적으로는 역사적 전통을 이어받고 있으며, 공간적으로는 국가를 형성하고 있기 때문이다. 그러한 의미에서 나는 분명히 한국의 역사 속에 있는 나요, 한국의 국토 안에서 살고 있는 나인 것이다. 그러므로 누군가 나더러 너는 누구인가 묻는다면, 분명히 "나는 한국인이다" 이렇게 대답할 수밖에 없다.

다른 나라, 다른 지방사람들이 폐쇄적이라고 항의해오면 어떻게 할 것인가. 그러나 그것은 염려할 필요가 없다. 그 사람들은 그들대로 그들의 지방을 배경으로 하여, '나는 아무 지방 사람', 아니면 '어떤 나라 사람'이라고 대답하면 될 것이기 때문이다.

그러므로 '신토불이'는 나의 '신토불이'인 동시에, 더불어 사는 우리들의 '신토불이', 곧 한국인으로서의 '신토불이'여야 하는 까닭이 여기에 있다.

지금까지 밝혀온 바와 같이 '신토불이'가 한 생명의 환경적응력을 가리킨 것이라면, 한국인은 이 지구 위에서 어떠한 환경 적응력에 의하여 탄생되었는가를 알아봄으로써, 비로소 한국인, 달리 말하자면 한민족의 시원이 밝혀질 수 있을 것이다.

인류의 시대로 접어들면서 이루어진 최초의 분화는 지구표면의 지대형성에 따라 빛깔이 다른 인종으로 갈라지게 됨에서 비롯하였다.

　우리 한민족이 속해 있는 황색인종인 몽골로이드는 바이칼호에서 발생하여, 그 일부가 최후의 제4빙기에 육교로 부상한 베링해협을 건너 북아메리카대륙으로 이동하여, 기원전 4000년경에는 아메리카인디언의 주류가 되어 아메리카남단에까지 진출한 것으로 알려지고 있다.

　몽골로이드는 대체로 키가 작고 몸매는 뚱뚱한 편이다. 얼굴은 넓적하고 평평하게 생겼으며, 눈꺼풀에는 지방질이 많이 끼어 있다. 이마에는 몽고주름살이 잡혀 있고, 가늘고 긴 눈에다가 눈동자는 검다. 이것은 지금의 우리 모습 그대로다.

　또 다른 기록에 따르면 몽고인종의 피부빛깔은 황색 내지 황갈색이며, 모발은 흑색 내지 흑갈색의 빳빳한 직모(直毛)이다. 몸에 털이 적고, 눈동자가 약간 튀어나왔으며, 얼굴은 넓고 평평하며, 젖먹이에게는 몽고반점이 있다고도 한다.

　신체의 이러한 특징들은 설원(雪原)의 강렬한 태양광선의 반사로부터 눈을 보호하고 추위에 적응하기 위한 것으로 볼 수 있다. 이런 인종에게 태양은 다시 없는 큰 은혜로운 존재가 아닐 수 없으며, 태양숭배의 민족으로 발돋움한 까닭이 또한 여기에 있다.

　흑색인종인 니그로이드는 적도 위의 뜨거운 태양의 직사광으로부터 시력을 보호하기 위하여 초콜릿색의 눈동자를 가졌으며, 검은 피부는 자외선에 대한 효과적인 차폐

막(遮蔽幕)이 되었을 것이다. 그들은 언제나 태양에서 방사되는 뜨거운 열과 강렬한 광선에 대하여 자기의 신체를 보호하지 않을 수 없었을 것이다.

백인종인 코카소이드는 금발·벽안·백색피부가 특징이지만, 기후에 대한 특별한 적응형태는 지적될 만한 것이 없다. 굳이 말한다면 백색 피부는 북유럽의 엷은 일광과 윤습한 기후의 소산이라고나 할까.

후기구석기시대에 시베리아의 대삼림지대 남단을 따라 초원지대를 동으로 이동한 이 코카소이드계 유목민들은 몽골로이드와 함께 아메리카로 건너갔을 것으로도 추정이 되고 있다.

황·흑·백 등 3대인종 외에도 오스트레일리아 북부에서 중부에 걸친 사막을 유랑하는 오스트랄로이드가 있는데, 이들은 긴 손발과 짧고 야윈 몸매가 특징이다. 그것은 땀의 증발이 쉽도록 하기 위한 것으로 보인다.

말하자면 각 인종이 지닌 신체의 특징은 그들이 살고 있는 지대의 자연환경에 대한 적응의 결과라는 점에서 신토불이가 가져온 섭리의 제1차적 산물이라 이르지 않을 수 없다.

아무튼 우리 배달민족의 조상들도 몽골로이드의 일원으로서 북녘지방 어디에서인가 인류진화과정을 밟아오면서 삶의 터전을 마련하기 시작했을 것이요, 그 시기는 아마도 멀리로는 제3빙기인 6만 3000년 전으로 보아야 하지만,

가깝게는 제4빙기에서 후빙기로 넘어가는 시기로 본다면 약 1만년 전으로 볼 수도 있으니, 어느 시점으로 결정해야 할지는 극히 어려운 일이다.

그러면 몽골로이드에서 분가한 한국인은 과연 누구인가.

대체로 몽골로이드는 세 갈래로 나누어진 것으로 본다. 하나는 앞서 논한 바 있듯이 베링해협을 건너 아메리카 인디언으로 변신하였고, 다른 하나는 동남방 인도네시아 군도로 건너간 인도네시아몽골로이드를 들 수가 있다. 다음 셋째는 이 두 유파의 중앙에서 중국인과 몽고인, 한국인으로 정착한 것이라고 본다면, 한민족은 몽고에서 동으로 동으로 이동하여 만주벌판도 거침없이 건넌 후 송화강 유역 백두산 기슭에 자리잡은 것으로 믿어진다.

단군설화에서 환인이 자리잡은 삼위태백(三危太伯)의 삼위는 송화강·압록강·두만강의 세 강이요, 태백은 곧 백두산임이 분명하다.

이렇게 보면 한민족은 결코 반도인이 아니다. 그럼에도 불구하고 언제부터 삼천리강산이 백두산에서 뻗어내려 한라산을 종착역으로 하는 삼면이 바다로 둘러싸인 반 섬나라가 되었던가. 신라 삼국통일 이후 북방 발해의 영역이 북으로 떨어져나감으로써 저절로 조성된 역사적 유물이라고 할 수 있다. 어쨌든 삼국통일 이후 한민족은 고려와 조선을 거치는 사이에 새로운 역사적 전통에 적응하여 반도인으로 정착한 것이 아닌가 싶다. 이는 '신토불이'의 제2차적 변화의 결과라 이르지 않을 수 없다.

그렇다면 반도인으로서의 한국인의 조상은 과연 누구인가. 모름지기 반도라는 지형을 대륙과 해양을 연결하는 육교라 한다면, 반도인의 원형은 비록 몽골로이드라 하더라도 거기에는 그 북방적 순결성을 깨는 남방계의 남만풍(南蠻風)이 태풍처럼 북상하여 반도연안에 상륙하지 않았으리라는 보장은 없다.

이러한 까다로운 과제를 풀자면 문화인류학·고고학·언어학·고대사학 등의 도움을 얻지 않고서는 힘들 것이다. 그러나 우리는 여기서 이러한 학술적 문제에 휩싸여 답보하고 있을 겨를이 없다. 단도직입적으로 반도인 너는 과연 누구냐 하는 물음에 대답할 채비를 갖추어야 한다.

동북아시아 일대를 중심으로 하여 한·중·일 세 나라는 서로가 서로를 밀고 당기면서 독자적 국가와 민족을 형성하였다.

대륙을 기반으로 한 한족(漢族)은 대륙민족의 90퍼센트 이상을 점유하면서 삼황오제신화를 시작으로 하여 한(漢)문화를 발전시켰고, 그들의 동북방에 자리한 우리 배달민족은 동이, 예맥, 또는 '한'(韓)족의 이름으로 독자적 성장을 거듭하였으며, 동해바다 가운데 외롭게 떠 있던 일본은 '왜'(倭)라는 이름으로 태어나 나름대로 자신의 위치를 지켜온 것으로 볼 수 있다.

이들은 다 같이 서유럽 백인들이 두려워하는 황화론(黃

禍論)의 주인공들이지만—다른 말로 표현하자면 그들의 원형은 동일하지만—각자 변화하여 피워낸 꽃들은 서로 다르다는 데 놀라지 않을 수 없다.

요즈음 일본과 한국을 비교하는 유행어에 '붓과 칼'이 있음은 잘 알려진 사실이다. 달리 말하자면 '선비와 무사(사무라이)'라고나 할까. 어쨌든 이들의 이 양극적인 엄청난 차이는 어디서 왔을까. 그것은 곧 그들 산천 지형의 차이에서 오는 것으로 보는 견해가 지배적이다. 일본의 산천은 넘기 힘든 태산 준령에다가 냇물은 폭포에 가까운 급류를 이루고 있는 반면에, 한국의 산천은 비산비야(非山非野)로서 자연과 더불어 살기에 알맞은 평화향(平和鄕)이다. 그러므로 한·중·일 세 나라의 문화 차를 정원미에서 찾으려는 견해도 그럴 듯하다.

중국땅 함양(咸陽)의 아방궁과 서울의 오궁을 비교해보라. 아방궁은 1만 명도 더 수용할 수 있는 어마어마한 규모의 조형미를 갖춘 궁전이다. 서울의 궁궐은 비록 규모는 거기에 미치지 못한다 하더라도 수림과 전각이 한데 어울린 정원미는 그들의 추종을 불허하리만큼 아름다운 것이다. 여기에 일본의 정원을 끼워본다면 왜소한데다가 인공을 지나치게 가미하여 자연미마저도 손상시키고 있으니 천상 왜소지향(倭小指向)의 왜색문화 틀을 벗지 못하고 있는 것이다.

이처럼 우리 한문화는 자연미의 극치를 이루면서 중원

문화의 거대한 조형미를 한쪽으로 젖혀놓은 채 독자적 발전을 이룩하면서 오늘에 이르고 있다.

그것은 언어에서도 뚜렷이 나타나고 있다. 한자의 상형문자와 한글의 성음문자의 관계에서 그 대강은 설명되지만 여기서는 더 이상의 이야기는 줄이기로 한다.

어쨌든 우리 '한문화'(韓文化)만큼 자연미의 극치를 이룬 문화는 별로 없으리라고 믿어진다. 그러므로 정원뿐 아니라 의식주 전반에 걸쳐서도 자연과 더불어 그 아름다움이 그대로 담겨 있는 것이다. 더욱더 구체적인 것은 뒤로 미루고자 하거니와 이 장·절을 끝맺으면서 문득 생각나는 일이 있어서 적어보기로 한다.

이 글의 서장에서 우리는 불로초에 관한 진시황의 이야기를 들었거니와, 그때의 봉래산은 우리나라 금강산의 별명일 것이라는 사실도 밝힌 바 있다. 금강산이라면 중국인들은 "원컨대 고려국에 태어나서 한 번 금강산을 보았으면"(願生高麗國 一見金剛山)이라 하리만큼 탐내던 명산이건만, 어찌하여 진시황은 그저 불로초의 산지로만 여겼을까.

이에 필자는 여기서 성삼문(成三問)의 절명시 봉래산 시조 한 수를 읊조려보고자 한다.

이몸이 죽어서 무엇이 될고 하니
봉래산 제일봉에 낙락장송 되었다가

백설이 만건곤할 제 독야청청하리라.

　　이 시조를 읊은 성삼문은 비록 사육신의 한 사람으로 비명에 갔지만 그의 낙락장송 같은 절개는 오늘에 이르기까지 우리들의 가슴속에서 영생하고 있거니와, 동남동녀 3,000명을 보내 불로초를 구하던 진시황은 서복이 돌아오기도 전에 운명하여 함양의 고혼이 되고 말았다.

　　어쨌든 어디로 보나 우리 민족은 자연과 더불어 살아왔고, 자연미의 극치를 음미하면서 살고 있다.

　　'신토불이'는 자연과 더불어 살면서 그 아름다움의 극치를 이루는 생명력의 원천인 것이다.

여 름

생명은 하나다

1. 생명의 꼴

"사랑이 둥글더냐 모나더냐" 풋내기 유행가의 가사를 듣고 보면 사랑이란 진정 있는 것인가 없는 것인가 의심이 간다. 이도령이 춘향이를 등에 업고 "둥 둥 둥 내 사랑아" 사랑가를 부르는 장면을 보면 사랑이란 달콤한 것 같지만, 춘향이가 옥중에 갇혀 칼을 쓰고 눈물짓는 모습을 보면 사랑이란 진정 있는 것인지 없는 것인지 믿을 수 없는 가냘픈 것임을 느끼게 된다.

이처럼 눈에 보이지 않는 것은 그 본체를 꼭 집어내기 힘든 것이 상례(常例) 아니던가. 그렇기 때문에 이를 확인하기 위하여 영어권 국민들은 매일 아침마다 아내를 향하여 "당신을 사랑해"(I love you)를 외어바쳐야만 한다고 하지 않던가. 우리들 한국인들은 싱긋 웃고만 넘길 일임에도 불구하고…….

우리의 생명도 이와 같아서 생명이란 과연 있는 것인지 없는 것인지, 있다면 어디에 어떻게 있으며, 만약 없다면 괜시리 이러쿵저러쿵 따지고 있을 필요가 없지 않겠는가 싶어서 하는 말이다.

성삼문의 절명시에서 보듯이 무지무지한 고문을 이겨낸 꿋꿋하고도 끈질긴 생명력을 느낄 수도 있지만, 어느 노부모의 실의에 찬 자결 기사가 실린 신문을 읽을 적에는 생명처럼 허망한 것도 없어 보인다. 이렇듯 사랑의 그것처럼 보기나름인 것이 생명이기에 생명을 놓고 말도 많다.

이처럼 생명의 꼴(생김새)을 밝혀내기란 결코 쉬운 일이 아니다.

유교의 경전인 사서(四書) 가운데 하나인 《중용》(中庸 ; 공자의 손자인 子思 지음)이란 책을 보면 신(神)의 모습에 대하여 다음과 같이 서술한 대목이 있다.

귀신의 귀신다운 덕은 아마도 위대한 것인가보다! 이를 보자 해도 보이지 않고(視之而弗見), 이를 듣자 해도 들리지 않고(聽之而弗聞), 만물을 제 몸 안에 간직한 채 빠뜨림이 없구나! 천하사람들로 하여금 몸과 마음을 깨끗이 하고 제사를 받들게 하되, 넘실넘실 그 위에 계신 듯하고 그 좌우에 계신 듯하니라. 옛시에 신이 오심이여, 그를 헤아릴 길이 없도다. 대체로 미소하면서도 뚜렷한 것이니 신의 지성은 덮어둘 수 없음이 이와 같구나.

이것은 유교의 신관(神觀)을 밝힌 유명한 구절이거니와, 여기서 신을 생명으로 바꾸어놓으면 어떨까 싶어 인용해 본 것이다. 다시 말하면 생명도 신처럼 "이를 보자 해도 보이지 않고 듣자 해도 들리지 않고 만물을 제 몸 안에 간직한 채 빠뜨림이 없을(體物而不可遺) 뿐 아니라, 우리 위에 계신 듯하고 우리 좌우에 계신 듯하여 생명이 다가오심을 헤아릴 길 없도다" 하고 이를 수도 있기 때문이다.

이렇듯 사랑과 생명과 신 등의 세 가지를 등식(等式)으로 묶어서 생각할 때, 그 존재를 부인할 수 없지만 이를 증명하기란 극히 어렵다는 사실도 새삼 실감하게 된다.

그렇기 때문에 이를 위하여 철학·종교·윤리·과학·생물학 등 다양한 학문의 도움을 받지 않을 수 없는 까닭이 여기에 있다. 그러한 의미에서 생명은 모든 것을 통합한 문화적 총체로 이해해야 할는지 모른다.

중국의 전국시대(약 2300년 전)에 맹자와 쌍벽을 이룬 유명한 성악론자 순자(荀子 ; 기원전 298?~235?)는 오늘의 지질학이나 생물학을 공부하지 않고서도 지구생성 46억년의 발전을 다음과 같이 요약하고 있다.

물과 불은 기(氣)만 있지 생(生)은 없고, 풀과 나무는 생만 있지 지(知)는 없다. 금수(禽獸)는 지는 있지만 의(義)가 없고, 사람에게는 기도 있고 지도 있고 의도 있다.

인간만은 종합적으로 이를 파악하고 있음을 분명히 밝히고 있다. 이어서 이르기를 대체로 타고난 성품에는 네 등급이 있는데 인간과 금수는 가장 가까운 사이다. 귀로 듣고 눈으로 보는 것은 서로 다를 것이 없고, 코로 맡고 혀로 핥는 것도 다를 것이 없으며, 식색(食色)이나 안일(安逸)함도 다를 것이 없다. 다른 것이 있다면 오직 한 가지뿐이니, 도심(道心)이란 것은 무형 무질하고 지미(至微) 지홀(至忽)하여 만약 그대로 내버려둔다면 금수일 따름이니 어찌 서로 구별할 수 있겠는가.

이처럼 순자의 견해에 따르면 인간의 생명이란 그저 금수처럼 살아 있고(有生) 지각이 있는(有知) 본능적 존재에 그치는 것이 아니라, 도의적 도심을 간직한 윤리적 존재라는 점에서 성삼문의 절의―어찌 성삼문뿐이랴―가 돋보인다.

그러므로 수화(물과 불)는 기(氣)의 형질이요, 초목(식물)은 기가 살아 있는 것(有生)이요, 금수(짐승)는 살아 있으면서 동시에 지각도 있지만(有生有知), 인간만은 거기서 한 계단 위인 도의적 심성을 갖추고 있기(有義) 때문에 이 지상의 패권을 차지하고 있는 것이 아닌가 싶다.

이야기를 꺼낸 김에 한 발짝 더 깊이 들어가본다면, 인간은 하늘과 땅(우주) 사이에서 스스로의 위상을 정립하고 있음을 알 수 있다. 지상에서는 패권을 누리고 있지만 아직 천상까지는 도달하지 못하고 있는 것이다. 그러므로 인간은 그리스 철인(哲人)들이 주장하는 이른바 '인간이란 신과 동물의 중간자'라는 어정쩡한 존재가 아니라, 동물의 세계에서는 벗어났으나 미처 하늘에는 도달하지 못한 독자적 존재라고 할 수 있다.

그러므로 인간은 식물(초목)도 아니요, 동물(금수)도 아닌, 인간다운 인간(도심)으로서의 존재일 따름이다.

여기서 우리는 인간다운 인간이 간직한 도심(道心)은 어디로부터 온 것일까 알아보아야 한다. 그것은 많은 철학자들이 이미 시인한 바와 같이 인간의 직립(直立)과 깊은 관련이 있다.

인간이 두 발로 직립하면서부터 인간의 두뇌는 용적이 늘기 시작하였고, 신체(내장)의 기능도—손·발의 역할이 나누어지듯—직립에 알맞은 발전을 이룩하였다.

그러므로 공자도 그의 《논어》에서 "사람은 나면서 곧다"(人之生也直)라 하고, 또 "나는 30에 섰고"(三十而立)라 하여 인간직립설을 밝힌 듯한 냄새를 풍기고 있다(많은 주해자들은 이 直을 直心, 곧 도덕심으로 풀고 있다). 어쨌든 이 직(直)은 위에서 이른바 "삼십이립"(三十而立)이라 한 입(立)과도 무관하지 않은 듯하다. 왜냐하면 여기서 입(立)자는 대지 위에 우뚝 선(직립한) 한 인간을 상징한 것이기 때문이다. 입(立)자의 윗부분인 육(六)자는 두 손을 벌리고 대지 위에 서 있는 사람의 모습을 상징하였고, 육자 밑에 가로로 그어진 일(一)자는 대지를 상징한 글자이기 때문이다.

이렇듯 인간은 직립하게 됨으로써 금수의 세계에서 훌훌 털고 빠져나와 인간의 길을 걷게 된 것이다.

그러나 어찌 뜻하였으랴, 네 발로 기어다니는(四足匍匐) 안정된 자세에서 두 발로 서 있는(兩足直立) 불안정한 자세로 바뀜으로써 생로병사라는 곤욕에 찬 인생역정의 삶을 치르게 될 줄을.

옛시에 "솔개는 하늘 위를 날고 물고기는 연못에서 뛰논다"(鳶飛戾天 魚躍于淵)라 하였는데, 자연을 즐기는 평화로운 모습이 부럽지 아니한가!

그럼에도 불구하고 왜 인간은 직립과 동시에 발달된 지혜(무화과의 지혜) 때문에 평화로운 낙원에서 쫓겨나 급기야 생로병사의 일그러진 삶을 살아야만 한단 말인가.

이에 즈음하여 '신토불이'는 과연 어떠한 의미를 가지는 것일까. '신토불이'가 자연환경(土)에 대한 인간(身)의 적응(不二)을 의미한다면 생로병사로 일그러진 실낙원의 불행은 인간 자신의 자업자득 아니겠는가.

그러나 인간의 생명(삶)은 결코 좌절될 수 없다. '신토불이'의 섭리는 자애로운 어머니처럼 불행한 인간의 삶을 감싸주고 있음을 알아야 한다. 그것이 바로 우리들 생명의 자생력이 아닐 수 없다.

순자의 말대로라면 인류는 유기(有氣)에서 비롯하여 유생(有生)·유지(有知)를 거쳐 유의(有義)의 단계에 도달했다고 하면 그만이다. 그러나 생물학자들에게 물어본다면

거기까지 도달한 네 단계에만 하더라도 46억년의 세월이
흘렀고, 그 사이에 이루어진 지구환경의 변화만 하더라도
시생대에서 비롯하여 신생대에 이르기까지 무려 수십 단
계를 거쳐야 했다. 이런 사실을 안다면, 그 엄청난 시련들
을 다 뚫고 오늘에 살아남은 자생력이야말로 대견하다 이
르지 않을 수 없다.

찰스 다윈(1809~1882)이 적자생존(適者生存)의 원칙을
내세웠다고는 하지만, 말이 쉽지 적자생존이 어찌 식은
죽 갓둘러 먹듯 쉬운 일인가.

이때 생각나는 것이 바로 '신토불이'의 섭리이다. 인간의
몸(身 ; 생명)이 자연(土 ; 환경)에 적응하지 못했더라면 어
찌 적자생존할 수 있었겠는가. 그러한 의미에서도 인류는
기(氣)·생(生)·지(知)·의(義)의 4단계의 난관을 극복하
면서 지구에서 '신토불이'의 최후 승자가 된 셈이다.

그럼에도 불구하고 원초적인 사고에서 벗어나지 못한
우리 조상들은 우리들의 생명은 간단하게 삼신할머니가
점지해준 것이라 믿고 있었다. 이 얼마나 순진한 천진함
인가. 그저 모른다고 딱 잡아떼는 것보다는 낫지 아니한
가. 이때 기독교의 창조론자와 다윈파의 진화론자들 사이
에서는 격렬한 싸움이 벌어지고 있었다. 초기에는 사람은
흙으로 빚어 만든 신의 창조물이라고 믿는 축이 더 많았
던 시절도 있었음을 우리는 잘 알고 있다. 삼신할머니 대
신에 부처님의 뜻으로 태어났다면 이른바 불교교리의 하

나인 윤회설(輪廻說)에 따라 인류와 축생으로 번갈아 가름 가름 태어날 수도 있을 것이니 자칫 잘못하여 짐승으로 태어나지 않도록 조심해야 할 판이다.

그러나 '신토불이'의 ·섭리를 믿는다면 자연(天)의 뜻에 순응하기만 하면 된다. 자연의 뜻이 다름 아닌 자연의 순환법칙을 의미하는 것이라면, 이에 순응하면 순천자(順天者)가 되어 생명을 보전하고, 이에 역행하면 역천자(逆天者)가 되어 패망하게 된다.

그런데 인간은 어찌하여 불로장생의 에덴동산에서 쫓겨남으로써 원죄인(原罪人)이 되어 생로병사의 사고(四苦)에 시달려 한시도 편한 날이 없이 지내게 되었을까.

인간은 직립하여 하늘의 문전에까지 다다름으로써 지혜가 유달리 발달하기는 하였지만, 그 대신 자만과 오기가 생겨 하늘도 두려울 것 없다는 건방진 생각을 하기 시작했다. 그래서 '신토불이'라는 하늘의 뜻 따위는 씻은 듯 까맣게 잊어버렸다. 이 지구 위의 모든 생태계가 그들의 질서를 잃고 갈팡질팡하게 된 결과가 다름 아닌 생로병사의 연옥(煉獄) 아니던가!

불교의 교리에 만유불성론(萬有佛性論)이라는 것이 있다. 불자는 하나이지만 천하만물은 모두 제각기 하나씩의 불성을 갖추었다는 것으로 풀이할 수 있다. 이는 '하나이면서 여럿'(一即多)이요, '여럿이면서 하나'(多即一)라는 불교교리의 진수가 아닐 수 없다. 그럼에도 불구하고 석가

모니는 이 세상에 태어나자마자 "천상천하유아독존"(天上
天下唯我獨尊)이라 외쳤다. 나 홀로 존귀한 존재임을 자각
한 부르짖음이다. 실로 존대의식에서가 아니라 자존(自尊)
의식에서 나온 외침인 것이다. 우리말로 고치면 "나는 하
나다. 어찌 존귀하지 아니한가"이다. 나라는 존재는 진실
로 존귀한 사람이니 내 생명을 어찌 아끼고 가꾸지 않을
수 있겠는가.

기독교《신약성서》요한복음 14장 6절을 보면 아주 재
미있는 다음과 같은 글이 있다.

> 예수께서는 "나는 길이요 진리요 생명이다. 나를 거치지
> 않고서는 아무도 아버지께 갈 수 없다" 하셨다.

여기서 예수는 바로 생명이요 생명은 곧 예수다. 그도
그럴 것이 야훼 하느님께서 자기 모습을 닮은 진흙사람을
만드신 후 코에 입김을 불어넣어 생명을 태어나게 하신
것을 보면(《구약성서》, 창세기 2장 7절), 사람의 생명은 곧바
로 하느님 모습을 닮았음이 분명한 까닭이다. 이처럼 생
명은 곧 하느님이요, 동시에 예수 그리스도라 하니 이 아
니 존귀한가. 한 걸음 더 나아가서 생명이라고 번역된 원
어를 찾아보면 'life'로 되어 있다. 이 'life'의 본뜻을 삶이
요 생활이라고 한다면, 생명이란 바로 우리들의 삶 그 자
체가 아닐 수 없다. 이 점에서 예수의 삶과 석가모니의 삶

이 서로 통한다 해야 할는지 모른다.

여기서 앞서 인용한 《중용》이란 책의 첫 구절을 한번 읽어보자.

> 하늘의 명령 그것을 일러 '성'이라 하고, '성'대로 따르는 그것을 일러 길이라 하고, 길을 닦는 그것을 일러 가르침이라 한다(天命之謂性 率性之謂道 修道之謂敎).

이 글을 놓고 곰곰이 생각을 가다듬어보면 할 말이 많겠지만, 겉으로 볼 때, "하늘의 명령 그것을 일러 성(性)이라" 한 것은 진리요(truth), "성대로 따르는 그것을 일러 길이라" 한 것은 길이요(way), "길을 닦는 그것을 일러 가르침이라" 한 것은 생명이니(life), 여기서의 생명은 삶이요 생활 그 자체가 아닐 수 없다.

〈요한복음〉과 《중용》은 시대도 다르고 필자도 다르고 지역도 달라서 서로 통할 수 있는 길이란 전무하다고 이르지 않을 수 없다. 그러기에 그의 표현방식은 서로 엉뚱하게 다르지만, 그러나 그들의 철학적 인식과 종교적 신앙에는 서로 비슷한 근사치가 있음을 인정하지 않을 수 없다.

이처럼 유교와 불교와 기독교의 세 교리가 한결같이 생명의 존귀함을 설파하였고, 그것을 곧바로 우리들의 삶, 그 자체로 인식하고 있다.

　그러므로 우리는 '신토불이'의 섭리야말로 부처님의 성품이요, 그리스도의 믿음이요, 공자님의 가르침이라 여기지 않을 수 없다.

2. 로봇의 생명

  조선 16대왕인 인조 9년(1631)에 정두원(鄭斗源 ; 1581~?)
이 명나라 진주사(陳奏使)로 갔다 돌아올 때 화포(火砲)·
천리경(千里鏡)과 함께 자명종 한 개를 처음으로 가져온
일이 있었다(이때 그는 마테오 리치의 《천문서》·《직방위기》·
《서양풍속기》 등의 서적들도 함께 가져왔다. 화약제조법도 이때
에 전해졌다). 그런데 (사실 여부를 확인할 길은 없지만)
어느 날 공교롭게도 그 집 사랑채에 든 낯선 시골 선비
한 사람이 자명종 똑딱거리는 소리를 듣게 되었다. 한밤
중인지라 그것은 마치 귀신소리 같았다. 선비는 귀신을
잡고야 말겠다고 결심했다.
  그래서 소리나는 곳을 찾아본즉, 무형무질하면서도 어
마어마한, 그리고 흉측한 귀신일 줄 알았는데, 그게 아니
고 달덩이같이 둥근 쇠붙이였다. 그리고 낯선 글자(로마숫
자)가 적힌 예쁜 물건이었다.
  선비는 분명히 그 속에 들어 있을 귀신을 잡고야 말겠
다는 오기를 억누를 길 없었다. 그래서 그 자명종을 마구

뜯어젖히고야 말았다. 그러나 자명종 속에 들어 있지 않는 귀신이 잡혔을 리 없으려니와, 한번 뜯어젖힌 시계가 되살아날 리도 없어 자명종만 망가뜨리고 말았다는 이야기다.

왜 이러한 허황된 이야기를 늘어놓았느냐 하면 만일 살고 죽는 것을 생명이라 한다면, 선비의 손에 죽은 자명종도 살았다가 죽었기 때문에 거기에도 생명이 있었다고 할 수 있을 것이기 때문이다. 왜냐하면 인체조직을 하나의 정밀한 기계로 간주하여 모든 조직이나 기관들이 제 구실을 하면서 움직이면 살이 있는 것이요, 그들이 기능을 정지하면 죽은 것으로 간주하는, 자연과학을 신봉하는 생리학자들의 이른바 기계론적인 생명관도 있기 때문이다.

그러나 어찌 살고 죽는 것으로만 생명을 생명이라 이를 수 있을 것인가. 생명은 기계와는 달리 발육하고 생장하고 진화하면서 또한 늙고 병드는 것이 아니던가. 그러한 의미에서 '신토불이'의 섭리도 생명의 적응력과 자생력을 두고 이른 말이라 하지 않았던가. 그러므로 우리의 생명은 삶과 죽음의 틀을 깰 수 없고, 기계와 달리 늙어 쇠약해짐과 병들고 약해짐으로 시달리지 않을 수 없다는 사실을 간과해서는 안될 것이다.

그런데 자명종 속에서 귀신을 잡고자 했던 인간은 이제 자기를 닮은 인간, 곧 로봇을 만들었다. 이는 마치 신이 진흙으로 자기를 닮은 인간을 창조한 후 아직 코에 입김을 불어넣지 않은 단계와 비슷하다. 그러나 기계라는 점에서는 자명종이나 로봇이나 조금도 다를 것이 없다.

그렇다면 우리들은 과연 인조인간 로봇에 생명의 입김을 불어넣을 수 있을 것인가. 오늘날 우리 인류는 저 오기에 찬 시골선비처럼 생명공학이라는 이름으로 안간힘을 다 쏟고 있다.

이른바 생명공학의 시도가 어느만큼 성공을 거둘 수 있을지는 예측할 수 없다. 다만 지금 우리는 로봇과 신의 입김과의 경쟁 속에서 살고 있는 것이 아닌가 싶을 뿐이다. 실로 인간의 힘으로 신의 입김 없이 생명을 창조할 수 있을 것인가. 이는 어쩌면 영원한 신과 인간과의 싸움이 될지도 모른다.

그렇다면 생명이란 과연 어떻게 태어나는 것일까.

다른 생물들은 다 그만두고 갓난애가 어머니의 몸에서 태어나는 순간을 지켜보자. 삼신할머니의 도움으로 순산한 아이라 할지라도 얼른 울음을 터뜨리지 못하는 경우가 있다. 그럴 적에는 으레 갓난애를 거꾸로 들고 볼기짝을 두들기게 마련이다. 이때에 신의 숨결이 목청에 닿게 되면 "응애" 하는 우렁찬 소리가 터져나오게 되는 것이다. 이제 막 삶이 시작되는 순간이다. 기독교적으로 말한다면 신의 입김을 코에 불어넣는 순간이다. 제아무리 로봇이 정밀하여 복잡한 인공두뇌로서의 기능을 갖추었다 하더라

도 이처럼 오묘한 신의 섭리를 감당할 수 있을 것인가. 그러므로 생명이란 인간의 모습으로 태어난 신의 숨결이라 이르지 않을 수 없다.

인간은 10개월 동안 오직 어머니 탯줄에 매달려 자라다가 오장육부(五臟六腑)를 갖춘 아이로 태어난다. 그러나 이 오장육부가 하루아침에 생성된 것이 아니라, 10개월 동안이라는 긴 시간을 두고 차근차근 만들어졌다는 점이 로봇의 조직이나 구조와 다른 점이 아닌가 싶다.

인간이 허파·지라·간장·콩팥·심장 등 오장을 갖추고 있다는 사실은 동양과 서양에서 다 같이 인정하고 있는 사실이지만, 다만 동양의학에서는 이들이 서로 상관관계를 맺고 있다고 종합적으로 이해하고 있는 반면에, 서양의학에서는 이들을 하나하나 각장 각부별로 독립해서 생각한다는 점이 서로 다르다.

오장육부는 모태 안에서 10개월 동안에 만들어졌을 뿐 아니라, 35억년 전 원생생물이 생긴 이후 오늘에 이르기까지의 생성과정을 빈틈없이 수행한다는 사실에 놀라지 않을 수 없다. 컴퓨터에 의하여 조종되는 로봇의 기억·추리 기능이 비록 인간두뇌의 보조역할을 수행한다 하더라도 이러한 인간기능을 맨발로 뛰어도 따라잡을 수가 있을 것인가.

자연과학의 기초학을 크게 둘로 나누면 물리학과 화학이라 할 수 있다. 그런데 용하게도 이 두 기능이 고스란히

인체 생명의 기능을 좌우하고 있다는 사실은 흥미로운 일
면이다.

사상의학의 창시자인 이제마(李濟馬 ; 1838~1900)는 저서
인 《동의수세보원》(東醫壽世保元) 사단론(四端論)에서 다음
과 같이 인체기능을 종합해놓고 있다.

　　허파는 내뿜고 간은 빨아들이니 폐와 간은 기액(氣液)을
　　호흡하는 문호(門戶)요, 지라〔脾〕는 받아들이고 콩팥〔腎〕은
　　내보내니 지라와 콩팥은 수곡(水穀)을 출납(出納)하는 부고
　　(府庫)니라

고 한 것을 보면 간과 폐는 기액의 호흡을 맡은 물리적
기관이요, 지라와 콩팥은 수곡의 출납을 맡은 화학적 기
관이라 이를 수 있다.

여기서 재미난 사실은 호흡을 공기만을 호흡하는 작은
개념이 아니라 기액을 함께 다루는 큰 개념으로 파악하였
고, 인체 소화기능도 지라와 위만 맡은 것으로 생각한 것
이 아니라, 거기에 배설기능까지를 합해서 생각했다는 사
실이다. 이는 상관관계를 중요시하는 종합적 사고방식의
단면이 아닐 수 없다.

이것은 곧 생명의 유기체설로서 기계론적 생명론과 좋
은 대조를 이루고 있다.

그런데 여기서 우리가 주목해야 하는 점은 거기에는 음

양론적 대대관계(對待關係)가 깊이 바닥에 깔려 있다는 사실이다. 음양이란 밝음과 어둠뿐만이 아니라 상하·좌우·전후·표리·한열·온냉 등 다양한 대대관계를 총괄하는 부호라고 이를 수 있다. 그러므로 인체생명의 기능은 음양의 대대관계에 의하여 조절되며, 이 조절기능의 실패가 곧 병과 죽음으로 연결된다. 이는 세균병원설에 가름하는 기능병리설이라 이를 수 있다.

'신토불이'의 섭리도 따지고 보면 신(陽)·토(陰)의 대대관계의 조화(不二)가 아닐 수 없다. 그러므로 만병의 근원도 따지고 보면 신(陽)과 토(陰)의 분리에서 생긴다는 사실도 아울러 잊어서는 안될 것이다.

이제 다시금 생명의 모태 속으로 우리의 눈을 돌려보자. 이른바 진화론적 입장에서 볼 때에는 인체생명의 기능이 결코 일시적 돌연변이에 의해서가 아니라 환경적응의 필연적인 결과라는 사실을 주목하지 않을 수 없다.

인체에는 로봇과는 달리 폐비간신(肺脾肝腎)이 있고 이목비구(耳目鼻口)가 있다. 그러면 이들의 진화과정은 어떻게 설명될 수 있나 살펴보자. 생명의 기능을 분담하고 있는 기관들의 진화과정을 살펴보려고 하는 것은, 지금도 진화가 진행되고 있으며, 지금도 신토불이의 섭리가 우리 안에서 자생적 적응력에 의해 새로운 창조를 이루고 있기 때문이다.

모태에서 벗어난 신생아는 다음과 같은 이목비구의 진

화과정을 경험한다.

　태아는 모체에서 분리되자마자(出產) 3일 안에 입으로 모유를 빨고 그 맛을 본다. 입맛이 트인 것이다. 그 다음 얼마 후에 유모의 체취(젖냄새)를 맡을 줄 알게 됨으로써 냄새만으로도 유모의 존재를 알아내게 된다. 신생아가 어머니의 형상을 알게 되는 것은 그 다음 일이다. 그때야 비로소 어미 아닌 남과는 낯을 가린다. 마지막으로 귀가 트이는 까닭은 귀가 트임으로써 비로소 남의 말을 알아듣게 되고 그 결과로 말을 하게 되는 것이니, 이로써 이목비구의 진화는 입·코·눈·귀의 순시로 이루이짐을 알 수가 있다. 나이 60에 이순(耳順)했다는 공자의 말도 이제야 일리가 있음을 알 수가 있다.

　폐비간신도 이목비구와 마찬가지로 생성과정이 결코 일시에 몽땅 생겨난 것이 아니라, 앞서거니 뒤서거니 한다. 생물의 진화도 수십억년을 두고 생각한다면 적어도 몇 억년씩의 간격을 두고 이루어지지 않았나 싶다.

　사장(四臟) 가운데 폐는 육지에서 서식하는 동물의 호흡기관으로서, 전형적인 폐는 양서류 이상의 고등동물만이 지니고 있다는 사실에서, 사장 가운데 가장 뒤늦게 생긴 기관이라 할 수 있다. 다음으로 음식을 소화·배설하는 데 지라·위·간·콩팥의 역할을 살펴보면, 먼저 지라는 그것을 전부 떼어내버린다 해도 생명에는 아무런 지장이 없고, 위의 생성도 태아출산 이후에 이루어진다는 점에서,

지라와 위는 간과 콩팥 이후요, 폐의 이전으로 보는 것이 옳을 듯하다. 간과 콩팥의 차례를 따진다면, 간은 신진대사·해독·분비작용을 하고, 콩팥은 배설기능의 주체이다. 그런데 배설기능은 해독 등의 생리기능보다 먼저이고, 간의 해독기능이 없더라도 배설기능만은 모든 하등동물에 이르기까지 존재한다는 사실로 미루어볼 때, 간과 콩팥의 앞뒤관계는 분명하지 않나 싶다.

이러한 이목비구와 폐비간신의 진화론적 과정을 그 누가 따를 수 있을 것인가.

앞으로의 생명공학은 우리들에게 무엇을 보여줄 것인가. 모름지기 그것이 신토불이의 섭리에 대한 도전이 아니기를 바랄 따름이다.

3. 정기신(精氣神)은 하나다

인간은 기계가 아니다. 지니고 있는 오장육부의 조직이 하나의 정밀기계처럼 보일지 모르지만, 그것은 조립된 로봇처럼 된 것이 아니라 대우주가 하늘의 법칙에 의하여 빈틈없이 움직이듯, 인체의 조직도 그러한 법칙에 순응하여 일사불란하게 움직이고 있다. 그러기에 인간을 소우주(小宇宙)라 이르지 않던가. 인간이 신을 닮았다는 설화도 이를 두고 한 말이 아닌가 싶다.

그러나 근세 천문학의 발달로 인하여 전통적인 우주관에는 일대변혁을 가져오기에 이르렀다. 그래서 동양에서는 천지인삼재론(天地人三才論 ; 우주는 하늘과 땅과 사람으로 형성되었다는 고전적 우주론)이 무색하게 되었고, 서양에서는 창세기의 신화가 깨지고 만 것이다.

그 첫번째 결정타는 지동설(地動說)이다. 우리나라에서도 영조 때 홍대용(洪大容 ; 1731~1783)에 의하여 지동설이 제창된 바 있기는 하지만, 서양에서는 이미 폴란드의 천문학자 코페르니쿠스(1473~1543)에 의하여 이론적으로 완성을 보았으나 널리 확인되지는 못하다가, 그로부터 약 100년 후에 이탈리아의 자연과학자 갈릴레이(1564~1624)에 의하여 확인되었다. 그는 교회의 박해로 말미암아 유배되었다가 풀려나오는 길에 "그래도 지구는 돈다"고 중얼거렸다는 에피소드를 남긴 바로 그 사람이다.

그후 지동설의 확인은 전통적인 우주관에 많은 변화를 가져왔다.

하늘은 둥글고 땅은 모났다는 천원지방(天圓地方)설에서 땅이 네모났다(地方)이라는 개념이 성립될 수 없게 됨과 동시에, 하늘은 둥근 것이 아니라 창공은 그저 태허(太虛)한 무한공간으로 이해될 따름이다.

2,000억 개의 태양계가 모인 직경 10만 광년의 은하계만 하더라도 2,000억 개가 넘는다는 초천문학적 억겁(億劫)의 세계가 곧 하늘이라면 실로 종잡을 수 없는 하늘이 아닐 수 없다.

해와 달만 하더라도 관념적으로는 음양을 대표하는 상징적 존재였던 것이, 항성으로서의 해와 위성으로서의 달로 변하여, 하루아침에 그들의 같은 자격이 무너지고 말았다. 달이란 겨우 태양광선의 일부를 쬐는—자체 발사광선이 아니다—반사광일 뿐이니, 월광곡(月光曲)의 낭만도 무색할 따름이요, 그의 질량도 엄격하게 따진다면 축구공과 잔모래알〔細沙〕 한 개만큼이나 엄청난 격차로 비교할 수 있을 것이다. 이렇듯 하늘과 땅, 달과 해의 개념은 뒤죽박죽 되어버린 셈이다.

두번째로는 뉴턴(1643~1727)의 만유인력으로 우주질서를 되찾았다고나 할까(1687). 그가 발견한 법칙은 두 물체 사이에 작용하는 만유인력은 두 물체를 연결하는 직선의 방향을 좇아서, 그 크기는 두 물체의 질량의 크기에 비례하고 거리의 제곱에 반비례한다는 것이다. 만류인력은 사과가 땅에 떨어지게 할 뿐 아니라, 우주공간의 모든 물체 사이에 작용하여 이들이 자전·공전을 거듭하면서도 한 치의 오차도 없이 운행하도록 해주고 있다.

세번째로 진화론을 들 수 있다. 진화론이란 생물이 외계의 영향과 내부의 발전에 의하여, 간단한 것으로부터 복잡한 것으로, 저급한 상태에서 고급한 상태로 그 체제를 바꾸어가는 것을 말하는 것으로, 지동설 이후 만유인력과 더불어 과학사상의 쌍벽을 이루고 있다.

이러한 세 법칙이 우주의 질서를 지배하고 있다. 그러면 지구가 태양에서 분리되어 굳어지는 동안 바다와 육지는 어떻게 생겼을까. 여러 가설 가운데, 지구 표면에서 발산한 수증기가 냉각됨으로써 물방울이 되고 이것이 비로 내림으로써 용암(熔岩)의 열이 식어 굳어지고, 또 많은 물이 오목한 곳으로 흘러내려 고이게 되어 3 대 7로 육지와 바다가 갈라졌다는 설이 있다.

이렇듯 지구가 바다와 육지로 구성되어 있듯이, 우리의 인체도 정혈(精血)과 골육(骨肉)으로 구성되어 있다는 점이 기이하게도 비슷하다.

태초에 처음도 없고 끝도 없으며(無始無終), 안도 없고 밖도 없으며(無內無外), 크지도 않고 작지도 않은(無大無小) 대우주는 태일(太一)·태현(太玄)·태소(太素)·태극(太極)으로서 태허(太虛)의 기(氣)가 충만한 카오스(chaos)로 불리던 코스모스(cosmos)였다. 때에 문득 한 생명이 생겨났으니 많은 뭇별 가운데서 초라하기 짝이 없는 이 지구를 택할 줄이야 뉘 알았으랴.

이로써 지구는 천하의 중심이 되었고, 나는 이 땅의 중심이 되었다.

지구의 모태 속에 생명이 탄생한 후로도 지구는 끊임없이 공·자전을 계속하고 있으며, 만유인력으로 우주 공간에 떠 있을 뿐 아니라, 음양대대(陰陽對待)의 상대성원리에 입각한 적자생존의 법칙을 꾸준히 지켜오고 있다.

그러한 의미에서도 신토불이의 섭리는 태고적 대우주의 법칙과 그 맥을 같이한다.

그렇다면 대우주에서 소우주로 태어난 인간생명은 어떠한 형태로 창조되었을까.

이제 우리는 잠시 마음을 가다듬고 우리 겨레가 낳은 명의 허준(許浚 ; 1546~1615)을 되새겨보자. 《소설 동의보감》은 이미 장안의 지가를 높여놓았다.

그러나 우리는 여기서 그러한 이야기꾼(소설가의 애칭)의 장광설에 귀를 기울일 겨를이 없다. 다만 그가 인간의 생명을 어떻게 이해하고 있는지 그 편린만이라도 살펴보면 되겠기 때문이다.

첫째, 그는 신형(身形)을 생명의 첫째 조건으로 삼았다. 그러나 그는 정(精)이란 신(身)의 근본이요, 기(氣)란 신(神)의 주인이요, 형(形)이란 신(神)의 안택(安宅)이라고 하였다. 여기서 우리는 그의 정기신일체론(精氣神一體論)의 싹을 엿볼 수 있다.

둘째, 정(精)은 신체의 지극한 보화(寶貨)로서 오장은 다 이를 간직하고 있다. 그러므로 욕심을 절제하여 정기를 저장하여야만 더 장수할 수 있으니 불로초가 따로 있을 리 없다.

허준은 생명의 근간으로서 기(氣)와 신(神)을 내세우고 있다.

그가 생각하고 있는 기(氣)는 신(神)의 조상이요 정(精)의 아들로서, 기는 정과 신 사이를 이어주는 근대(根帶)이니 말 그대로 정기신일체가 아닐 수 없다.

'기'는 유형한 생기(生氣)도 있지만 무형한 이기(理氣)도 있다. 여기서의 기는 이 둘을 종합한 기로 간주하는 것이 좋을 것이다. 왜냐하면 병기(病氣)로서의 기는 유형한 기만이 아니기 때문이다.

허준은 기가 곡식에서 생긴다(氣生於穀)고 하였으니, 이는 칼로리 또는 에너지로서의 기를 가리킨 것이요, 기가 호흡의 근본이라 하기도 하였으니, 이는 조식법(調息法)의 근본인 산소호흡을 의미하는 것이다. 온몸을 돌고돌아 한 몸의 생명을 이끌어주는 것도 기요, 희로애락의 감정을 돋워주는 것도 기인 것이다.

이처럼 인간의 생명을 이해하는 데 허준의 정기신론은 커다란 의미를 지니고 있음을 알 수가 있다.

허준의 신(神)은 인격신으로서, 결코 귀신도 아니요 신령도 아니다. 한몸의 주인으로 그것을 주재하는 행위 자체가 신이요, 어쩌면 마음처럼 무형무질한 존재자이기도 한 것이다. 그러므로 허준의 신은 기의 정수(精髓)를 뽑아낸 일신의 주재자 바로 그 자체라고 해야 할 것이다.

이상으로써 허준의 생명관을 정의한다면 이른바 신(身)은 형정기신(形精氣神)일체론이라 이를 수밖에 없다. 그러므로 다산 정약용(丁若鏞 ; 1762~1836)도 그의 경전주해에서 "신과 형체가 묘합하여 이에 사람이 된다"(神形妙合 乃成爲人)라 하였으니, 바로 정기신일여론(精氣神一如論)이 아닐 수 없다.

이른바 종합적 인간론의 극치는 20세기로 접어들면서 제기된 이제마의 사상설(四象說)에서 더욱더 체계적으로 이루어졌다. 여기서는 지나치게 깊은 언급은 필요없기 때문에(좀더 깊이 알고 싶은 독자는 지은이가 쓴《四象醫學原論》, 행림출판사 참조), 그 가운데 중요한 대목 몇 줄만 추려보면 다음과 같다.

　이제마는 인체구조를 상하·전후·표리 등 음양설적 대
칭구조(사원구조)로 설명하였다. 이를 표기하면 다음과 같
다.

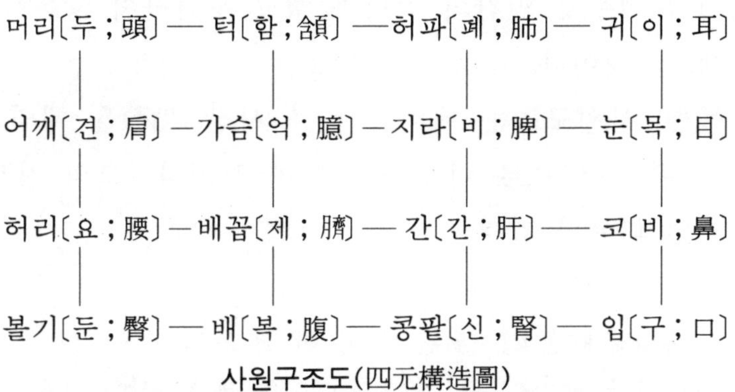

사원구조도(四元構造圖)

　이 사원구조도는 이제마의 사상설적(四象說的) 장부론
(臟腑論)의 극치로서 이를 이해하기 위해서는 두툼한 한
권의 책으로도 부족할 것이다. 그러나 허준의 정기신론(精
氣神論)의 뒤를 이은 종합적 인간론이라는 점에서 거기에
담긴 몇 가지 묘리만을 밝히면 다음과 같다.

　첫째, 아무리 복잡한 구조라 하더라도 이들은 한결같이
음양설적으로 관계지어져 있음을 알 수 있다. 사상(四象)
도 따지고 보면 음양의 사상에 지나지 않기 때문이다. 그
러므로 사원구조를 음양설적으로 관찰한다면 이목비구와
폐비간신은 내외관계를 맺게 된다. 동시에 함억제복(頷臆臍
腹)과 두견요둔(頭肩腰臀)은 전후관계를 맺게 된다. 상하관

계로 따져본다면 이목·폐비·함억·두견은 상이 되고, 구비·간신·제복·요둔은 하가 될 것이다.

이러한 음양설적 대대(對待)관계는 그의 전후·상하관계에서 보여주듯 인간의 직립과 결코 무관하지 않음을 발견하게 될 것이다.

둘째, 사원구조는 폐비간신 등 사장(四臟)을 계열화(黨)하여 큰 개념으로 이를 파악하게 하였다. 그의 장부론에 따르면 다음과 같다.

폐의당〔肺之黨〕—위완(胃腕) 혀 귀 두뇌 피모(皮毛)
비의당〔脾之黨〕—위 양유(兩乳) 눈 배려(背膂) 근육
간의당〔肝之黨〕—소장 코 허리 척추 육
신의당〔腎之黨〕—대장 전음(前陰) 입 방광 뼈

이에 근거하여 이제마는 그의 사상인(四象人)의 장부를 다음과 같이 설명하고 있다.

태양인(太陽人)—폐대(肺大) 간소(肝小)
태음인(太陰人)—간대(肝大) 폐소(肺小)
소양인(少陽人)—비대(脾大) 신소(腎小)
소음인(少陰人)—신대(腎大) 비소(脾小)

여기서 이른바 폐비간신의 대소는 대개념(黨)으로서의

폐비간신을 의미함은 물론이고, 대소라 이른 것도 형태론적 대소가 아니라 기능(機能 ; 생리작용)의 강약으로 이해하여야 할 것이다.

이를 통속적으로는 사상체질론(四象體質論)이라 하기도 하지만, 이는 그리스의 히포크라테스(340 B.C.~375 B.C.)의 체질론을 장부론적으로 재구성한 것으로 이해해야 할 것이다.

여기에는 다음과 같은 세 가지 법칙이 그 바닥에 깔려 있다. 참고삼아 이를 예시하면 다음과 같다.

1. 유형불변(類型不變)의 법칙 : 출생과 더불어 타고난 사상인유형은 일생동안 변하지 않는다.
2. 예외불허(例外不許)의 법칙 : 인간은 누구나 예외없이 사상인유형 가운데 그 어느 한 유형에 속한다.
3. 약재혼용(藥材混用) 불허의 법칙 : 이제마의 《동의수세보원》에 의하여 분류된 사상인 약재처방은 결코 다른 유형의 약재와 혼용함을 불허한다.

이제마는 허준의 정기신(精氣神)에서 한층 더 나아가 마음을 몸의 주재자라 하여 사원구조를 통괄하게 하였으니, 거기에 내포된 신묘한 천리(天理)는 후일로 미룰 수밖에 없기에 이를 표시하여 참고하면 다음과 같다.

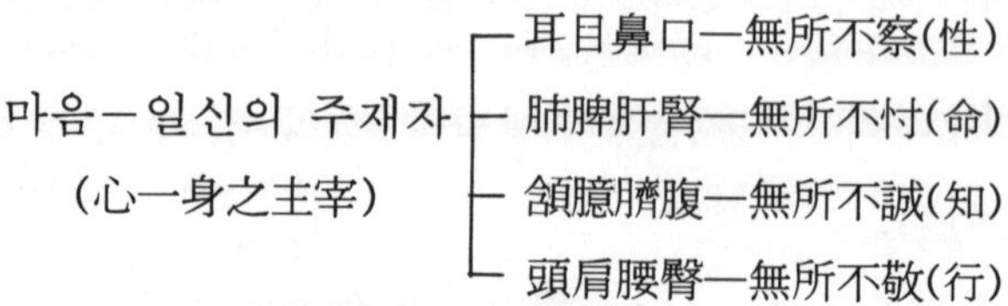

여기서 우리는 마음은 일신을 주재하는 총수요, 일신의 신(身)은 이목비구·폐비간신·함억제복·두견요둔의 사원 구조의 총괄적 형체일 뿐 아니라, 무소불찰·무소불촌·무소불성·무소불경의 기능을 보유하고 있음을 알 수가 있다. 이로써 이제마의 사상설적 장부론은 허준의 정기신론에서 한걸음 전진하여 더욱더 구체화된 심신론(心身論)임이 드러난다.

그러나 이 책의 성격으로 보아서 더 깊이 들어가는 것은 잘못하면 주객이 전도될 염려가 없지 않으므로 이 정도로 그치면서 다음 절로 넘어가고자 한다.

4. 종합적 생명론

　여기서 나는 중국 고대 은나라(?~1100 B.C.) 말엽에 있었던 슬픈 이야기 한 토막이 생각난다. 그것은 은나라 말기의 폭군 주왕(紂王: 미녀 달기에게 빠져 나라를 망친 은나라 마지막 왕)이 충신이요 그의 숙부인 비간(比干)을 죽인 사건이다. 음란하고 포악한 주왕의 행실을 보다 못한 숙부 비간은 죽음을 무릅쓰고 간하여 이를 바로잡아 기울어 가는 국운을 막아보려고 했던 것이다. 그러나 주왕이 이를 받아들일 리가 없었다. 듣지 않았을 뿐만 아니라 한 술 더 떠서 비간을 죽여버리기로 작정하였다. 그런데 그 이유가 가관이었다.

　"충신의 심장은 구멍이 아홉이라는데 어디 좀 보자."

　도려낸 심장의 구멍이 얼마였던가는 알 길이 없으나 이렇게 하여 죽어간 비간의 충심은 역사의 기록으로 전해오고 있다.

　오장의 하나인 심장은 전신에 혈액을 공급해주는 혈액순환의 중추일 따름이요, 그 안에 들어 있다는 충심은 간

곳이 없으니, 비간의 비극만을 낳게 했을 따름이다.

그렇다면 한 몸의 주재자로서의 심(心 ; 마음)은 어디에 있는 것일까.

먼저 심신일여론(心身一如論)이나 영육일치론(靈肉一致論)과 같은 입장을 정리해보자.

여기서 우리는 "몸[身]은 마음[心]이 들어 있는 집이다"는 말을 상기해보자. 마음 없는 몸은 텅 빈 집(죽음)이요, 마음은 몸 아니고서는 쉴 곳이 없다는 것을 의미한다. 달리 말한다면 마음이란 몸의 구석구석에 머물러 있어 말초신경이나 모세관에까지도 우리 마음의 그림자가 깃들어 있음을 의미한다. 이를 우리는 심신일여론(心身一如論)이라 이른다.

영육일치론도 마찬가지다. 영혼이 육체를 떠나 허공에서 떠돈다 하더라도 그 영혼은 육신에 붙어 있었던 그 옛날 아무개의 영혼일 따름이요, 혼백을 떠나보낸 육신이 썩지 않고 남아 있다 하더라도 언젠가는 영혼이 돌아와주어야만 환생할 수 있지 않겠는가. 영육을 떼어서 생각할 수 없는 까닭이 여기에 있다.

다음으로 문제가 되는 것이 바로 철학적 심성론(心性論)이라 이를 수 있다.

한자로 된 성(性)자를 본래적인 회의문자로 분해해보면 '생어심'(生於心)이 된다. 마음에서 우러나오는 것이 곧 성이라는 뜻이다. 그러므로 공자도 "성은 서로 비슷하다"(性

相近也)고 하지 않았던가.

공자가 죽은 지 약 100년이 지나자 맹자는 "성이란 본래 선할 수 있는 것이다" 하여 성선론을 주장하였고, 조금 후에 난 순자는 "성은 본래 악한 것이니 선한 체하는 것은 거짓이다"고 주장하였다. 성선설·성악설 둘로 갈라지자, 이후로는 성에는 선악이 섞여 있다거나 아니면 선악 사이에 그 어느 것도 섞여 있지 않다고 주장하는 사람도 나타났다.

성을 본연지성(本然之性)과 기질지성(氣質之性)으로 나누어서 이른바 성리하(性理學)이라는 새로운 하문체계를 세운 것이 다름 아닌 송대 정주학파(程朱學派)이다. 성은 곧 천리(天理)라 한 그들에 의하여 성의 철학적 근거가 확고하게 구축된 셈이다.

그러나 도덕성의 회복이라든지 덕성을 존중해야 한다(尊德性)든지 하는 문제에 부딪히면 성이란 본래 선한 것이어야지 그것이 만일 악한 것이라면 어찌 그를 존중하거나 다시금 회복하도록 꾀할 수 있겠는가.

이렇듯 인간의 심성은 도덕성과 깊은 관련이 있음을 알 수 있다. 그러나 도덕성의 회복이 어찌 공중에 뜬 말만으로 될 수 있는 것일까. 그것이 행실로 나타나야만 비로소 제 값을 물려받게 될 것임은 다시 말할 나위도 없다. 그러므로 남을 사랑하는 것도 결코 남을 사랑하고자 하는 미지근한 마음이 아니라 불쌍하거나 가난한 사람에게 베푸는 화끈한 행동이어야 하는 까닭이 여기에 있다.

본래 생명이 탄생할 무렵부터 호오(好惡)의 성품이 있음은 분명하였다. 이를 일러 혐기성(嫌氣性 ; 산소를 싫어한다는 뜻)이니 호기성(好氣性 ; 산소를 좋아한다는 뜻)이니 하거니와, 어쨌든 이렇듯 좋아하고 미워하는 성이 없었다면 생명 그 자체의 생성·발전도 없었을 뿐만이 아니라, 상호의존적인 생태계의 조성도 불가능했을는지 모른다. 그것을 우리는 성의 기호(嗜好)라 이른다(도덕적 호선오악도 여기서 우러나온다).

창조된 만물은 나름대로의 즐겨 좋아함(기호)을 가진다. 해바라기만이 태양을 향하여 고개를 돌리는 것이 아니라, 모든 식물은 이른바 학술적으로 말한다면 광합성(光合成)을 위하여 온몸을 햇빛을 향하여 뒤틀어 가눈다고 보아야 할 것이다.

그들의 기호는 대중없이 아무렇게나 이루어진 것 같으면서도 깔끔하기 그지없다. 물속에서만 크는 수련이 있는가 하면, 사막이라야 비로소 장대같이 자랄 수 있는 선인장이 있다.

옛사람들의 교훈에 "시절이 추워져야만 송백이 늦게 시드는 사실을 알 수 있고 서릿발이 쳐야만 국화의 높은 절개를 알 수 있다"고도 하지 않았던가.

닭은 홰를 치며 새벽을 알리는데 개는 문전의 불청객을 보고 짖어댄다. 말은 편안히 쉴 줄을 모르고 달리기만 하

는데 소는 재빨리 달릴 줄을 모르니 그것도 타고난 제 성미인 것을 어찌하랴.

사람에 이르러서야 비로소 도덕성에 기초한 윤리적 호선오악(好善惡惡)이 싹튼다. 부도덕한 동물의 울에서 벗어나는 첫걸음인 것이다.

사람이 짐승의 울에서 튕겨나오자 직립하여 우뚝 서기 시작하였음은 이미 위에서 논한 바와 같다. 머리는 하늘을 향하고 두 발은 땅을 딛고 선 것이다.

음양이 뒤바뀌는 순간이다. 짐승들이 네 발로 걷고 뛸 때는 포음배양(抱陰背陽 ; 햇빛이 등을 쪼므로 背陽이고 앞가슴이 땅을 향하므로 抱陰이 된다) 하였는데, 태양빛을 받으면서 앞으로 걷자니 자연 그 반대로 포양배음(抱陽背陰)으로 바뀔 수밖에 없었던 것이다.

인간이 직립한 이후에 이룩한 변화는 35억년 사이에 이루어놓은 변화의 몇 곱이 훨씬 더 될 것만 같다.

직립하자마자 얻어진 첫 수확은 손재주였을 것이다. 도구를 쓸 줄 아는 인간(Homo faber)이란 이로 인해 얻은 별명이다. 도구를 쓰자니 머리를 쓰게 되고 머리를 쓰니 지혜가 발달될밖에……. 그리하여 자연 속에서 자기의 세계를 가꾸는 재미를 알게 된 것이다. 원시인에서 문화인으로의 첫걸음이 아닐 수 없다.

사람들은 자연에 쫓기며 살다가 이제 자연을 배우고 자연에 순응하고 때로는 자연을 휘어잡기 시작하였다.

의식주의 변화는 인류의 생활을 다양하게 바꾸어놓은 시험작이기도 하다.

옷은 부끄러움을 감추는 남녀의 도구가 아니라 추위를 막고 더위를 쫓기 위하여 입어야 하는 필수불가결한 겉치레가 되었다.

먹는 것은 배를 불린다는 것이 첫째 목적이겠지만, 산해진미를 맛보고 나면 먹는 즐거움도 따로 거기에 있게 마련이다. 식도락(食道樂)이란 말이 생겨날 법도 하지 않은가.

처음의 주거는 비바람을 피하기 위하여 뜯어맞추어 움막을 짓는 정도였지만, 오래 살고본즉 오밀조밀 가꾸고 손볼 구석이 많아질밖에……. 기둥도 세우고 대들보도 얹고 구들장도 놓고 보니 집이란 살맛나는 낙원이 아닐 수 없다. 그리하여 의식주는 인류문화 발전의 첫걸음이 되었던 것이다.

의식주가 발달하면 자연 사람들이 모여살게 마련이고, 모여살면 부락이나 촌락이 생기는 것도 당연한 순서였을 것이다. 그러나 부락과 촌락 사이가 이어지게 된 것은 강물에 배를 띄우거나 육지에 수레를 굴리기 시작한 데서 비롯되었다고 보는 것이 옳지 않을까.

이로부터 지구의 인류문화는 급진전한다. 지난 1만년의 역사는 1000만년의 역사를 앞지르고도 남음이 있다.

모여살자니 의사소통을 해야 하고 의사소통을 하자니 말이 필요했을 것이요, 좀 후대의 일이기는 하지만 말 뒤에 글이 따르게 된 것은 어쩌면 바늘 뒤에 실이 따르듯 당연했을는지 모른다.

역사의 기록에 따르면 이웃끼리의 전쟁은 쉴 새 없이 터지고 나라는 세워졌다가도 금방 무너지고, 흩어졌다가는 다시 모이는 파노라마 속에서 인류는 시달리는 꼴이 되고 말았다.

지구는 망망한 천체 속에 떠 있는 하나의 외로운 섬이기는 하지만 자연이라는 이름으로 삼라만상을 고이고이 키워왔다. 인류도 그 가운데 하나이다.

때로는 지각변동과 기후의 이변으로 생태계는 천변지이(天變地異)라는 큰 변란을 수없이 겪어왔다. 그러나 그럴 적마다 생명을 가진 모든 생물들은 하늘을 두려워할 줄 알았고(畏天), 자연의 법칙에 순응하면서(順天) 생멸의 무상을 반복해왔던 것이다. 공룡처럼 거대한 몸집도 살아남지 못한 무서운 자연이었기 때문이다. 뉘라서 신토불이의 섭리(자연의 섭리)를 거역할 수 있었을 것인가!

그러나 인간의 두뇌가 500에서 1,000시시(cc)를 넘어서 그 무게가 크게 늘기 시작하자, 인위적인 문화의 창출에 박차가 가해졌다. 자연의 섭리를 즐기기보다는 인공적인 안일을 탐닉하기 시작한 것이다.

수십억년의 역사가 담긴 원시시대의 마감도 따지고 보면 반만년도 채 되지 않는다. 그러기에 슬금슬금 인류문화라는 이름으로 새롭게 피어나기 시작한 인위적인 인류의 신문화 창출도 그 역사가 그리 길지 않다. 그럼에도 불구하고 어떻게 이처럼 눈부신 발전—자연의 섭리를 역행하고 있지만—을 이루고 있는 것일까.

인류문화 발전의 특징을 한마디로 말하라 한다면 그 인위적 다양성에 있다고 해야 할 것이다. 이러한 인위적인 다양성은 우리들의 삶을 점점 자연으로부터 멀리 떨어져 나가게 하는 데 크게 작용하고 있다. 달리 말하자면 신토불이의 섭리에서 점점 멀어져가게 하고 있는 것이다.

지금으로부터 2400년 전 동양이 낳은 현인 노자는 무위자연의 도를 본받으라(道法自然)는 교훈을 남겼다. 그것은 도덕적 위선을 버리라는 뜻이 짙게 담겨 있어, 오늘과 같이 인위적 물질문명의 질곡 속에서 사는 우리들에게는 진실로 가슴에 와닿는 교훈이 아닐 수 없다.

이제 인간은 자연의 섭리와 그에 대한 인위적 반역 사이에 끼어서 시달리며 고민하는 삶을 살지 않을 수 없도록 강요받고 있다.

이렇게 자연의 섭리와 인위적 문명의 복합적인 삶의 틈바구니 속에 낀 우리의 하나밖에 없는 생명을 누가 구출하여줄 것인가. 실향민이 고향을 그리워하고 철새가 제 둥지를 찾아들듯 신토불이의 섭리를 되찾고자 하는 까닭이 여기에 있다.

가 을

자연과 더불어 살자

1. 한냉온열의 사지대

　지구의 인구가 50억 명이 넘는다 하는데, 나로서는 50억 인류라도 우리 어머니 한 분과 바꿀 수 없다. 우리 어머니는 나를 낳아주신 오직 한 분이기 때문이다. 우리 생명을 태어나게 해준 이 지구만 해도 그렇다. 우주의 그 많은 별들 가운데서 오직 이 지구만이 우리 생명을 태어나게 해주었으니 얼마나 대견하고 또 소중한가. 그러므로 지구는 우리 어머니나 진배없이 고마운 존재가 아닐 수 없다.

　지상에서 해를 바라다보면 아침에 동쪽에서 떴다가 저녁에는 틀림없이 서쪽으로 진다. 이튿날 또다시 뜰 때까지 어디에 숨었다가 다시 떠오르는지 아무도 모른다. 그러나 한 가지 분명한 사실은 이러한 밤낮의 뒤바뀜은 털 끝만한 시차도 없이 반복되고 있는 것이다. 그것이 지구의 자전 때문에 그렇게 된다고 아는 사람은 많지만, 실감하는 사람은 그리 많지 않을 것이다.

　이글이글 끓고 있는 태양은 얼마나 클까. 앞에서도 언급한 바 있듯이 태양의 질량은 태양계의 모든 별들(태양,

아홉 개의 행성과 그 위성들)의 중량의 99퍼센트 이상을 독차지하고 있다. 어마어마하게 큰 불덩어리이다. 태양의 불덩어리는 빛과 열을 쉴 새 없이 이 지구에 쏟아주고 있는 것이다. 그럼에도 불구하고 왜 차갑고 뜨거운 격차가 심하여 한·냉·온·열(寒冷溫熱)의 네 지대가 형성되게 되었을까. 그것은 햇빛이 지구에 골고루 쬐어지지 않고 있다는 증거이다. 왜 그럴까.

태양도 둥글고 지구도 둥글기 때문에 공전의 궤도도 둥글 것으로 생각하기 쉬우나, 그렇지는 않다. 타원형으로 되어 있을 뿐 아니라 타원궤도 속의 태양의 위치도 중앙이 아니라 한쪽으로 치우쳐 있기 때문에 태양과 지구의 거리도 때로는 멀고 때로는 가깝다. 그렇기에 지구가 받는 열량에 차이가 생긴다. 뿐만 아니라 지구의 남북극이 똑바로 태양과 직각으로 바르게 서 있는 것이 아니라, 태양쪽으로 23도 5분의 각도로 기울어 있다는 데 문제가 있다. 그러므로 지구는 태양을 약간은 비뚤어진 자세로 돌고 있는 셈이다. 이로 인하여 태양의 직사광선을 많이 받는 지대는 열대지방이 되고, 태양광선이 비스듬히 비침으로써 열량이 부족하면 한대지방이 될 수밖에 없다. 그러므로 이 한·열 두 지대 사이에 냉·온지대가 끼게 되는 것이다.

이 정도의 지식일망정 머리속에 넣고 지구를 한 바퀴 돌아보자.

열대지방은 일년평균 30도를 최고로 하고, 그 이하 20도 까지의 지대에 걸쳐 있다. 아프리카대륙 적도를 중심으로 하여 각각 남북 30도 사이에 자리하고 있다. 오스트레일리아중부·인도·아라비아·남아메리카·남아프리카가 여기에 속하고 있다.

온대지방은 일년평균 20도 이하로부터 10도 사이에 자리잡고 있다. 남유럽·북아메리카·중국대륙·한반도·일본열도 등이 여기에 포함된다.

냉대지방은 북온대지방의 북쪽에 자리하고 있는데, 등온 10도 이하 0도까지 사이에 있으며, 중부유럽·북유럽·영국, 북미의 북부, 캐나다 전부와 일본북해도 이북, 사할린 등이 여기에 속한다.

한대지방은 등온 0도선 북쪽으로 시베리아·그린란드 등이 여기에 속한다.

지구의 남반구에도 온·냉·한대가 있지만 거기에는 육지가 거의 없으므로 이야기할 거리가 없다.

이밖에도 아열대와, 남북극 등 극한지대도 있기는 하지만, 어쨌든 이 네 지대는 지구의 생물 창조에 실로 다양한 변화를 가져오게 하였다.

온대지역에 사는 사람들은 춘하추동 사계절이 온통 지구의 공통된 계절인 줄 알고 있지만, 그러나 열대지방은 우리들이 흔히 하와이를 상하(常夏)의 섬이라 하듯이 연중 여름이 있을 따름이다. 반대로 한대지방은 남북이 다 함께 연중 일광을 많이 받지 못하고 그 대신 극히 짧은 여름은 밤 없는 낮만이 지루하게 이어질 따름이다. 냉대치방은 가을이 없다. 긴 겨울과 짧은 봄·여름이 있을 따름이다. 춘풍(春風) 추우(秋雨)의 시정(詩情)을 그들은 느낄 줄 모를 것이다. 딱 넷으로 갈라서 평균 91일씩의 봄·여름·가을·겨울은 온대지방의 특전이니 이 아니 고마운가. 그러기에 온대지방이야말로 하늘의 복을 받은 낙원이 아닐 수 없다.

대기권의 보호를 받아 생명이 태동된 지구에는 드디어 식물과 동물이 생기고, 인류가 탄생 번영하여 황·흑·백의 세 인종이 대륙을 삼분하였다. 이 과정에서 두 가지의 큰 계기가 있었으니, 하나는 동식물의 지표온도에 대한 자체 체온조절이요, 그 다음은 식물과 동물의 공생이었다.

먼저 식물의 태양열에 대한 적응은 엽록소의 광합성으로 이루어졌다. 열대지방의 무성한 수림은 결국 태양열에 대한 자체 보호의 결과인 것이다. 광합성작용에 따른 산소의 배출은 동물의 체온조절을 위하여 절대적인 역할을 담당하였다. 이는 엽록체의 산소를 싫어하는 혐기성 때문이라고 한다.

다음으로는 동물의 체온조절이다. 파충류와 같은 냉혈동물이 있는가 하면 조류나 어류와 같은 고온동물도 있으나, 인류만이 36도 안팎의 체온조절에 성공하고 있다. 파충류는 외기와의 체온조절이 불가능할 때는 동면하고, 조류나 어류의 높은 체온은 날아오름(비상)이나 수영으로 발산한다. 인류만은 지구의 절대고온인 40도를 넘지 않도록 이산화탄소를 배출하면서 심장이 이를 조절한다. 여기서 식물과 동물의 공생원리가 싹텄고, 이른바 음양조화가 이루어졌으니, 신토불이의 섭리 또한 이로써 그 첫걸음을 내디뎠다고 해야 할 것이다.

식물과 동물의 음양조화는 지구 위의 천태만상의 생태(생명)계를 창조하였다. 이들은 상호의존적이요 공생적이지, 결코 다윈의 이른바 적자생존이나 생존경쟁, 우승열패의 법칙을 따라 살지는 않는다. 동양의 고전 《대학》(공자의 제자인 증자 지음)에서는 "만물은 함께 자라면서 서로 이웃을 해치지 않는다"(萬物並育而 不相悖)고 이르지 않았던가. 그러한 의미에서 '신토불이'의 섭리는 '만물이 함께 자라는' 창조적 섭리라 할 수 있다.

네 지대의 생물형태는 각양각색이다. 한대의 남북 두 극지대는 기후조건이 너무 열악하여 생물서식에는 적합하지 않다. 곰도 얼음(지하 600, 700척까지 어는 곳도 있다)을 깨는 재주 없이는 살아남기 어려운 곳이다. 썰매를 타고 달리는 에스키모를 상상해보라. 얼음 위를 달리고 얼음 위에서 잠까지 자는 그들과 흰곰·흰여우·해표·외뿔소·고래 등이 억세게 살아가고 있는 곳이다.

이에 비해 열대지방은 먹을 것이 남아돌아 걱정이다. 강렬한 태양열을 소화하기 위하여 1년에도 3회씩 꽃이 피고 열매를 맺는다(농사도 삼모작이 가능하다). 그러나 이러한 풍요 속에서 사람들은 오히려 게을러지고 여러 가지 부작용이 일어나니, 이래서 세상은 공평하다는 것일까. 바나나·파인애플·망고·코코넛의 진미를 맛보고 싶거든 시원한 옷차림으로 흑인들이 득실거리는 그곳을 찾아가도록 하라. 그러나 과식은 금물이다. 지나치게 음성식물이어서 식상(食傷)에 걸리기에 꼭 알맞기 때문이다.

그래도 사람살기에 알맞은 곳은 냉·온대 두 지대가 아닌가 싶다. 그러나 그들의 생활양식은 크게 다르다. 냉지대는 토지가 건조하고 수분이 적기 때문에 나무의 성장에는 이롭지 않으나 목초의 성장에는 조건이 좋다. 목초가 알맞게 자라기 때문에 이 지대에서는 원시유목과 수렵지대가 형성되었고, 인문이 발달한 후로도 목축과 과수의 재배로 생계를 이어갔기에, 이들을 유목민의 후예라 이르기도 하는 것이다. 양치는 목자의 가르침인 기독교가 여기서 발상한 것도 결코 기후 풍토와 무관하지 않다는 사실을 알 수 있다.

인류의 낙원이라고 할 수 있는 온대지방은 그 기후가 오곡(쌀 또는 밀, 보리·조·콩·기장)이 자라는 데 적합할 뿐 아니라 다른 산업에도 적당한 기후 풍토를 제공해주는 지대이다. 그러나 목축에는 부적당하다. 이러한 온대지방에서는 농업이 정착하여 그 주민은 농경민의 시조가 되었으며, 여기에서 제천(祭天)의식을 주로 하는 유교가 발달

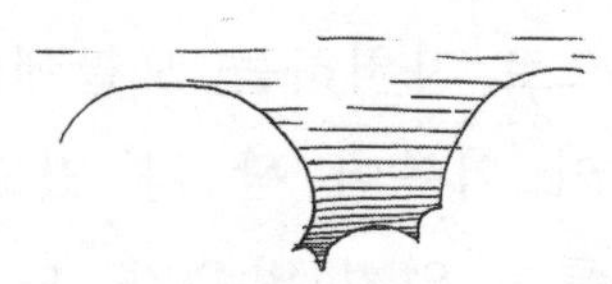

자연의 섭리

하게 되었다(禮자는 오곡을 제기 위에 올려놓고 신에게 바치는 것을 나타내고 있다). 열을 식혀야 할 필요가 있는 열대지방 인도에서 명상을 하는 불교가 발생했듯 3대종교의 발상도 결국 지리 풍토의 소산임을 알 수 있다.

조금 전에도 이야기한 바 있듯이 인류문화의 발달은 입고(衣) 먹고(食) 자는(住) 일로부터 비롯되었다. 인류문명이 고도로 발달된 것으로 자처하는 오늘에도 백화점의 황금공간에는 남녀노소의 의복이 꽉 차 있고, 거리의 절반이 먹거리판으로 빈 틈이 없지 않은가. 도시 태반이 또한 아파트의 숲이다. 만일 지구를 순식간에 한바퀴 돈다면 그들의 복잡한 다양성에 놀라지 않을 수 없을 것이다.

한대지방에 들렀다가 냉·온대를 뛰어넘어 열대지방으로 가봤다고 하자. 한대지방에서 그처럼 소중하게 입었던 털가죽옷들이 무슨 소용이 있겠는가. 발가벗고 야자수 그늘을 찾는 것으로도 더위를 참지 못하게 되면 시원한 물 속으로 뛰어들어가야만 한다.

냉·온대 두 지역에서도, 정도 차는 있을지라도, 의복구조는 근본적으로 다르다. 이른바 서구문명을 대변하는 양복과 훌렁훌렁한 한복을 대조해보면 얼른 알 수 있을 것이다. 냉지대에 사는 사람들은 온기를 한사코 새지 않게 해야 한다. 속셔츠와 와이셔츠에 웃저고리를 입는 것이 정장인데 넥타이까지 동여매야 한다. 그래야만 가을도 없는 긴 겨울을 견디어낼 수 있기 때문이다. 이른바 그들의 여름 바캉스가 해수욕을 하는 게 아니라 양복을 훨훨 벗어던지고 알몸으로 햇빛을 쬐어야 하는 까닭이 여기에 있다.

그런데 우리의 옷은 어떤가. 통바지 적삼만 걸치면 만사가 그만이다. 그럼에도 불구하고 문명에 뒤질세라 한여름에도 넥타이를 매고 진땀을 빼야 하는 신세가 되었으니 이를 어찌해야 한단 말인가.

음식만 해도 그렇다. 단적으로 말해서 냉·한대의 음식은 육식이 주가 되고, 온·열대는 채소, 과일과 곡류가 주가 됨을 모르는 사람은 없을 것이다. 그럼에도 불구하고 요즈음 식단이 육식 위주로 바뀌어가고 있으니 주객전도도 이만저만이 아니다. 공자도 "아무리 고기가 많더라도 곡기를 이기고 넘어서서는 안된다"(肉雖多 不使勝食氣)고 하지 않았던가. 온대지방의 식단은 포크로 찍거나 칼로 자를 것이 없다. 수저로 떠먹어야 하는 밥과 국이 있고, 젓가락으로 집어야 하는 김치와 나물이 있으면 될 것이 아닌가. 하지만 오늘날 우리의 의식주는 어떠한가.

이렇듯 세상 되어가는 꼴이 신토불이의 섭리에 역행하고만 있으니 답답할 따름이다.

2. 춘하추동의 사계절

가령 네 사람이 의논하여 지구라는 비행선을 타고 태양을 중심으로 하는 타원궤도를 한 바퀴 돌았다고 하자. 그런데 공교롭게도 네 사람이 각각 한·냉·온·열의 네 지대에 나누어 타게 되었다.

12개월 365일의 여행을 마치고 무사히 돌아와서 서로 나름대로 경험한 내용들을 보고하는 자리가 마련되었다고 가정해보자.

한대지방의 사계절을 경험한 A는 이르기를 "1년의 대부분이 밤이어서 내내 햇볕이라고는 눈을 씻고 보아도 볼 수 없어 답답하던 차에, 봄·가을은 간 곳 없고, 문득 여름철이 되었다기에 웬일인가 싶어 나가보았더니 잠시 동안 환한 낮이 계속되는가 했더니 이내 또다시 겨울의 긴 긴 밤으로 이어지더라"고 했다. 답답한지고. 비록 북극에는 오로라의 낭만적인 북극광(北極光)이 있다지만 흰곰에게나 맡겨둘 땅임을 어찌하랴.

냉대지방을 다녀온 B가 불쑥 나섰다. "내가 본 사계절도 너와 비슷하여 겨울이 길기는 하지만 짧은 봄과 여름이 이어지고 이내 또다시 겨울에 접어들어 가을은 어디 갔는지 아무리 찾아보아도 흔적조차 없더라.” 오곡이 무르익는 풍요로운 수확의 계절이 없다니 짐승들이나 길러 먹고 사는 어둡고 차가운 땅임이 분명하구나.

느긋한 자세로 듣고 있던 C는 온대지방을 거쳐온 이야기를 다음과 같이 늘어놓는다. “1년 12개월이 봄·여름·가을·겨울 사계절로 똑같이 나누어져 겨울이면 한랭하되 지독히 춥지는 않고, 여름이면 태양열의 더위가 있기는 하지만 지독히 덥지는 않고, 사이사이 봄과 가을이 끼어들어 쾌적한 계절이 이어지니, 무릉도원(武陵桃源)이 여기런가 싶더라.” 천고마비(天高馬肥)의 맑은 가을을 독차지한 온대지방이야말로 하늘의 은총을 받은 땅이라 이르지 않을 수 없다.

마지막 차례가 된 D는 열대지방의 더위를 아직도 다 털어버리지 못한 듯 “연중 온통 여름뿐이요 봄이나 가을이나 겨울이란 아예 있지 않다. 남아도는 뜨거운 열을 피할 길 없어 토굴을 파고 숨어살아야 하는 연옥(煉獄)이더라”는 푸념이었다.

여기서 우리는 긴긴 사계절의 여독도 풀 겸 신토불이니 음양조화니 하는 까다로운 말은 잠시 뒤로 돌리고 새로운 말 하나를 되새겨보자. 그것은 다름 아니라 상보성원리(相補性原理)라는 것이다.

네 지대의 사계절 여행에서 보았듯이 한·냉지대에서는 온난한 열기가 부족하고 온·열지대에서는 한랭한 기운이 부족하였다. 그러므로 한·냉지대에는 따뜻한 열기를 보충해야 하고 온·열지대에서는 한랭한 기운을 보충해야 한다는 사실을 알아냈던 것이다. 이를 일러 우리들은 상보성원리라 한다. 우리말로는 아마도 서로 맞추며 사는 문화요, 달리는 서로 맞추어 살아가면서 만들어낸 문화라고 할 수도 있을 것이다.

그렇게 볼 때 북방 한·냉지대 문화나 적도 아래의 열대문화는 비록 한·열의 두 극으로 갈라져 있다손 치더라도 문화의 단일성이라는 점에서는 공통된다고 할 수 있다. 다시 말하면 북방은 찬 문화를 대표한다면 적도부근은 더운 문화를 대표하기 때문이다.

그러나 사계절이 분명한 온·난지대는 사정이 좀 다르다. 춘하추동이라는 다양한 사계절의 변화가 있을 것이요, 의복에 관한 한 춘추복만은 단일화한다 하더라도 적어도 겨울, 여름, 그리고 봄·가을 세 가지 계절변화에 적응하면서 맞추어 사는 문화창조가 이루어져야 한다.

좀더 구체적으로 살펴본다면 의복만 하더라도 연중 털모자에 가죽잠바를 걸쳐야 하는 북방사람들에게 과연 면으로 된 속옷이나 모시치마저고리가 필요할까. 거꾸로 남방 더운 지방 사람들은 오히려 태양열을 차단하는 간단한 옷차림이 필요할 뿐이다. 밍크코트나 서피목도리 같은 것들은 돈을 싸가지고 가져다주더라도 두 손을 번쩍 들고 사양할 것이 분명하다.

그렇지만 온대지방의 사정은 다르다. 옷장 속에는 적어도 털코트도 있어야 하고 모시치마저고리에, 남자옷으로는 모시남방 셔츠나 모시잠방이도 있어야 한다. 게다가 춘추복을 곁들이지 않고서는 출입할 수 없는 것이 온대지방 신사숙녀들의 습성이 되어 있다.

음식은 어떠한가. 남방 더운 지방 사람들이 풍부한 과일(1년에 세 번 수확한다)을 배불리 먹고 야자수 그늘에서 낮잠을 즐길 무렵에, 북방 에스키모인들은 먹이사냥을 위하여 설원(雪原)을 달려야 한다. 그들은 사냥해온 들짐승(수렵)이나 물고기(어로)가 아니면 추위를 이겨내지 못하기 때문이다. 여기서 육식인종과 채식인종이 갈라진다.

이때에 사계절이 분명한 온대지방의 농경민들은 봄에 씨를 뿌리고 가을에 수확하여 저장해놓은 오곡을 주식으로 하고, 산야에 널린 백채(百菜)를 캐서 부식으로 삼고, 백과(百果)를 곁들여서 하늘과 조상에게 제사를 지내는 평화로운 살림을 꾸리면서 살아간다.

이렇듯 음식문화는 지역과 계절에 따라 다르건만 이러한 하늘의 뜻을 모르고 인간은 봉래산으로 불로초를 구하러 보내는 어리석음을 범하고 있다.

육식인종이 남방에 와서 육식을 즐기다가는 10년이 못되어 북망산 대신에 야자수 뿌리 곁에 묻혀야 하고, 채식인종이 지나치게 육식을 즐기다가는 하나도 빠짐없이 고혈압이나 동맥경화증에 걸려 염라대왕의 부름을 기다리는 신세가 되니 딱한지고, 우리들의 어리석음이여.

그러기에 앞서도 이야기한 바 있는 온대지방의 성인 공자는 고기를 곡기보다 지나치게 많이 먹어서는 안된다는 것을 격언으로 우리들에게 일러주었을 뿐 아니라, 고기는 양으로 먹지 말고 그 맛만을 즐기도록 다음과 같은 교훈을 남겼다.

"나는 석 달 동안 풍류(음악)를 즐기다가 고기맛조차도 잊을 뻔했다"(聞韶三月 不知肉味).

이렇듯 고기는 맛으로 즐기면서 양을 절제하셨기에 공자는 칠십 고개를 훨씬 넘기시지 않았나 싶기도 하다.

이쯤 이야기를 풀어나가고 본즉 남북지대에는 철부지도 많고(나폴레옹은 1811년에 러시아의 동장군 앞에 최후로 무릎을 꿇었고 히틀러도 제2차세계대전 때 페테르부르크의 겨울을 이겨내지 못해 패배해서, 두 철부지가 되었다), 온대지방에서는 일년 내내 철만 따지다가(24절후) 한해를 다 보내고 마는 것 같다. 참고로 24절후를 한번 따져보면 다음과 같다.

계유절후표(癸酉節候表)—양력

입춘(立春)	2월 4일	우수(雨水)	2월 19일
경칩(驚蟄)	3월 5일	춘분(春分)	3월 20일

청명(淸明)	4월 5일	곡우(穀雨)	4월 20일
입하(立夏)	5월 5일	소만(小滿)	5월 21일
망종(芒種)	6월 6일	하지(夏至)	6월 21일
소서(小暑)	7월 7일	대서(大暑)	7월 23일
입추(立秋)	8월 7일	처서(處暑)	8월 23일
백로(白露)	9월 8일	추분(秋分)	9월 23일
한로(寒露)	10월 8일	상강(霜降)	10월 23일
입동(立多)	11월 7일	소설(小雪)	11월 23일
대설(大雪)	12월 7일	동지(多至)	12월 22일
소한(小寒)	1월 5일	대한(大寒)	1월 20일

이름들이 모두 회의문자인 한문으로 되어 있기 때문에 그 뜻을 풀어서 새겨보아야 하겠지만—이 글에서는 그럴 겨를이 없으니 독자 스스로 새겨보도록 하라—어쨌든 한 절후도 놓치지 말라는 우리 조상들의 지혜가 여기에 듬뿍 담겨 있는 것만은 사실이다.

뿐만 아니라 우리 선조들은 정월 대보름과 가을 한가위(추석)도 잊지 않았고, 강남 갔다(9월 9일) 돌아오는(3월 3일) 연자(제비)까지 챙겨주는 제비 사랑(愛燕)의 정까지 베풀었다(흥부와 함께 시절을 즐긴다).

그럼에도 불구하고 애달프게도 오늘날 우리는 점차 철부지가 되어가는가 싶어서 안타깝기만 하다. 계절을 모르는 농산물들이 쏟아져나옴으로써 우리들의 식탁은 풍부하게 되는지 모르지만, 자연의 섭리를 역행하는 벌은 누가

자연의 섭리
文
明

받아야 하는 것일까. 외국 수입품만 해도 그렇다. 물밀듯 들어오는 침략자들의 행패를 막지 못한다면 철따라 지켜오던 조상들의 제삿날 꾸중을 어떻게 감당할 수 있을 것인가. 옛글에 이르기를 "조상의 제사를 모실 때는 봄·가을로 조묘를 수리하고……시절음식을 바친다"(春秋 修其祖廟……薦其時食) 하였는데, 제철 아닌 철부지 농산물만 쏟아진다면 바나나나 파인애플로 제사를 모실 판인가. 제사는 고사하고 산 사람이 죽을 약(死藥)만 먹고 사는 것 같아서 소름이 끼칠 따름이다.

내킨 김에 한마디 더 곁들이고 싶은 것이 있다. 그것은 인생론적 사계론이라고나 할까. 사상의학의 창시자 이제마(李濟馬)는 그의 광제설(廣濟說)의 첫머리에서 다음과 같이 말하고 있다.

대체로 사람은 유년기에는 '듣고 보아 지식얻기'(聞見)를 좋아하면서 '공경하고 사랑'(愛敬)할 줄을 아니 마치 봄에 새싹이 돋는 것과 같고, 소년기에는 용맹을 좋아하면서 '싸움에 이길'(騰捷) 줄을 아니 마치 여름에 자라는 묘목과 같고, 장년기에는 '서로 사귀어 정맺기'(交結)를 좋아하면서 '몸 닦고 언행을 삼갈'(修飭) 줄을 아니 마치 가을에 결실을 거두어들이는 것과 같고, 노년기에는 계책을 좋아하면서 비밀을 간직할 줄 아니 마치 겨울에 감추어두는 뿌리와 같은 것이다.

이는 인생의 네 기를 유소장로(幼少壯老)의 춘생(春生)·하장(夏長)·추렴(秋斂)·동장(冬藏)의 사계절로 나누어 비교한 것으로서 인생의 지극한 철리(哲理)가 그 안에 담겨 있음을 느끼게 한다. 사람의 삶도 시절의 변천처럼 생장렴장(生長斂藏)의 길을 걷다가 마지막 길을 떠나게 마련인 것이다. 불로장생이 따로 있는 것이 아닐진대 사계절의 뜻을 체득하고 자연의 섭리에 따를 뿐이 아니겠는가. '신토불이'의 섭리도 결국 네 지대 사계절의 섭리를 체득하는 길 외에 또 다른 그 무엇이 아니라는 사실을 알아야 할 것이다.

3. 풍토(風土)는 꽃 피는 내 고향

흔히 우리들은 생명의 모태(母胎)인 지구를 생각할 때 발 밑에 깔려 있는 땅표면[地表]만을 생각하기가 쉽다. 땅 위를 하늘이라(地上曰天) 하여, 비행기가 이륙하여 땅 위로 올라가면 하늘 위로 올라가는 것으로 여기기 때문이다. 그러나 그것은 잘못된 생각이다.

지구는 표면에서 동서 각 100킬로미터, 남북 각 110킬로미터의 대기권(大氣圈)이라 불리는 두꺼운 층으로 둘러싸여 있다. 그 형상은 상상컨대 달걀과도 같아서 이른바 대기권을 흰자위라 한다면, 땅덩어리로서의 지구는 그 속에 들어 있는 노른자위라 할 수 있다.

그러므로 태양의 빛이 지구 위에 비칠 때에는 대기권을 통과해야만 하고, 거기서 생기는 기압(氣壓)과 태양열이 빚어내는 조화로 대기권이 흔들리면 대륙풍도 되고 태풍도 된다. 진정으로 지구를 이해하자면 바람을 일으키는 대기권과 이 땅덩어리를 합한 풍토(風土)로서의 지구환경을 이해하여야 할 것이다.

여기서 동서 철인들의 우주관을 한번 살펴보는 것도 좋을 것 같다.

그리스철학에서나 인도철학에서는 한결같이 이 대우주는 땅·물·불·바람〔地水火風〕이라는 네 가지 원소에 의하여 창조되어 있다고 하였고, 동양(중국)철학의 역리(易理)에서는 하늘·땅·물·불〔天地水火〕의 넷을 내세우고 있으니, 이들의 생각의 차이는 오직 바람을 하늘로 바꾸었을 따름이다. 어쩌면 그렇게도 엇비슷하게 맞아떨어졌을까, 신묘할 따름이다.

이처럼 만일 대우주가 하늘=바람, 땅=대륙, 물=해양, 불=태양의 조화로 이루어졌다고 한다면, 소우주인 인간의 생명도 또한 이 4원소의 조화로 이루어졌을 것임은 다시 말할 나위도 없다.

4대원소는 이처럼 거의 비슷하지만 그리스나 인도의 철인들은 이들이 제각기 따로따로 독립하여 존재하고 있다고 한 반면에, 중국의 역리에서는 이른바 하늘·땅·물·불〔天地水火〕이 각자 독립하여 있으면서도 하늘과 땅이 서로 대(對)가 되고 물과 불이 서로 대가 되어 음양설적 구조를 이루고 있다고 한 점이 서로 다를 따름이다.

먼저 하늘과 땅의 뜻을 살펴보면, 음양론적으로는 하늘이 움직이고 땅이 멈추어 있기(天動地靜) 때문에(적어도 인간 중심으로 보면 그렇다) 바람을 일으키는 대기권이 하늘이요(天動), 만물이 생장할 수 있는 지구가 곧 땅일(地靜)

수밖에 없다. 옛시에 "나무는 고요하고자 하되 바람이 멎지 않는다"(樹欲靜而風不止)고 했으니, 하늘과 바람(天風)은 항시 동적이요, 천원지방(天圓地方)이라 하여, 동서남북 사방으로 안정된 것이 땅〔地〕이니 정적(靜的)일 수밖에 없지 않겠는가.

그렇다면 인간생활의 배경을 이루고 있는 풍토로서의 하늘과 바람은 곧 대기권의 철학적 표현이 아닐 수 없다. 그런 의미에서 대기권은 이 지구를 보호해주는 부모와도 같다고 할 수 있다. 대기권이야말로 생명이 태어나게 해주는 원초적 근원을 이루고 있다고 이르는 까닭이 여기에 있다. 왜냐하면 대기권이 없는 별〔天體〕에서는 생명이 태어날 수 없기 때문이다.

그렇다면 유일자(唯一者)로서의 우리 지구의 대기권은 어떻게 구성되어 있는 것일까. 대체로 전리층(電離層)·분리층(分離層)·성층권(成層圈)·오존층으로 나누어져 있는 것으로 알려져 있다. 그리하여 위로 하늘을 쳐다보면 항시 허허한 창공으로 보일 따름이지만, 억조 창생들의 삶을 위하여 스스로 힘써 쉼이 없이(天行健 自彊不息) 움직이고 있는 것이다. 우리는 이를 활성적(活性的) 기허(氣虛)라 이를 수 있을 것이다.

그저 하늘이라 이르기보다는 대기권으로서의 하늘이라 한다면, 신묘한 바람의 존재를 빼놓을 수가 없다. 어디로부터 왔다가 훌쩍 어디로 가버리는지 걷잡을 수 없는 것이 또한 바람 아니던가.

바람을 호흡하면 생명력이 되는지라 단전호흡이나 인도의 요가에서는 호흡하되 생명력을 마신다고 한다. 생명력이 따로 있는 것이 아니라, 공기 곧 바람 그 자체가 생명력의 원천이라는 생각이다.

어찌 사람이나 동물뿐이랴. 식물의 푸른 잎에 총총히 박혀 있는 수억 개도 넘는 무수한 기공(氣孔)에서도 생명력을 호흡한다. 다만 상보성원리에 따라 산소를 좋아하는 호기성 생물인 인간이나 동물은 산소를 호흡하여 이산화탄소를 내뿜는 반면에, 혐기성 생물인 푸른 잎 식물들은 이산화탄소를 호흡하여 산소를 내뱉는다는 점이 다를 따름이다.

그러므로 자연, 곧 대기권의 섭리의 절묘한 일면을 여기서 상기하지 않을 수 없다.

혐기성 식물이 그들이 내뱉은 산소를 호흡함으로써 새롭게 태어난 호기성 동물과 상보(相補) 상생(相生)하는 생태계가 형성되자, 대기권의 대기(공기)는 질소와 산소가 8대 2의 황금비율을 이루었다. 이보다 산소가 많으면 온 산천이 불바다가 될 뿐 아니라 인간 체온도 40도가 넘게 되어 폐장이 타버리게 되고, 이보다 산소 양이 적으면 체내의 신진대사에 장애가 오게 된다. 조물주(자연·대기권)의 뜻(섭리)의 절묘함에 감사하지 않을 수 없다.

그런 의미에서도 대기오염을 가볍게 여기는 인류의 몰

지각은 조물주의 뜻을 거역하는 반역행위라 이르지 않을 수 없다.

하늘은 그렇다 치고 하늘과 대를 이루고 있는 땅〔大地〕은 어떠한가.

대지는 "화악(華嶽 ; 중국 五嶽 가운데 하나)을 싣고도 무겁다 이르지 않고(載華嶽而不重), 강과 바다를 거두어들이되 새는 일이 없다(振河海而不洩)"고 이를 만큼 넓고도 깊다. 대지의 산야(山野)에서는 초목(식물)이 생장하며 금수(동물)가 뛰놀고, 강과 바다 속에서는 온갖 물고기들이 득실거린다. 이렇듯 대지는 만물의 보고요, 동시에 생산모(生產母)인 것이다.

그럼에도 불구하고 인간들에 의하여 땅과 바다는 날로 황폐해지고 생태계의 파괴는 날로 가속되어가고 있는 실정을 어떻게 받아들여야 할 것인가. 답답할 따름이다.

다시 음양론적으로 말머리를 돌려보자. 그러고 보면 바람으로서의 하늘과 불로서의 해(태양)는 양(陽)이요, 대지로서의 땅과, 강과 바다로서의 물은 음(陰)이다. 그러므로 음양론적으로 보면, 불로서의 태양은 하늘 위에 떠 있고, 물로서의 바다는 대지 안에 잠겨 있는 것이다.

태양의 불덩어리는 실로 어마어마하다. 위대한지고, 태양의 덕이여. 그가 가지고 있는 열량의 겨우 5억 분의 1밖에 안되는 열을 보내주는데도 이 지상에서는 그로 말미암아 네 지대, 사계절이 생기고 생명이 생겨 150여 만 종의 동식물이 생식하기에 이르렀으니 말이다.

물은 비록 지구 위에서 생성되었지만 그 공덕은 결코 불(태양)에 못지 않다.

지구가 태초에 태양으로부터 분리되어 하나의 독립된 행성이 되었을 때 수증기가 대기 가운데서 물방울로 변하여 낙하하였으니, 이로써 지구의 열은 식고 넘치는 물은 오목한 곳으로 모여 바다를 이루었던 것이다(노자는 물의 덕을 찬양하여 이르기를, "江海가 百谷의 왕이 되는 까닭은 그것이 진실로 밑으로 흘러내리기 때문이다"고 하였다).

물 없는 별에는 생명도 없다는 것은 이미 널리 알려진 천체의 비밀이다. 그러기에 바다 속 푸른 해조류는 모든 생물의 모체가 아닌가.

거듭 말하거니와 대륙과 해양의 황금비율이 3 대 7인 것과 같이 인체에서의 수분 또한 인체의 70퍼센트를 차지하고 있으니, 이러한 자연의 절묘한 섭리를 우리는 어떻게 받아들여야 할 것인가.

종합적으로 풀어서 말한다면 하늘(바람)과 대지와 불(태양)과 물(계절 따라 생성되는 비·이슬·서리·눈도 이 안에 든다) 등 4원소가 네 기둥이 되어 모든 생명을 북돋아주고 있다. 이 네 가지 요소를 우리들은 풍토라 이르고, 좀더 구체적으로 이야기한다면 이 요소들이 삼라만상(만물)의 생장렴장(生長斂藏)을 관장하고 있는 환경을 이루고 있다고 해야 할 것이다.

이렇듯 하늘·땅·물·불〔天地水火〕 또는 땅·물·불·바람〔地水火風〕을 배경으로 하여 조성된 풍토(환경)는 네 지대·사계절의 변화에 따라 특성 있는 만물을 창출해내고 있다. 토산품이니 특산품이니 하는 것들은 모두 다 이러한 풍토적 산물이다.

그러므로 토산품이나 특산품은 천명(天命 ; 사계절)과, 지의(地宜 ; 사지대)에 따라서 다르게 나타난다. 천명의 사계절은 한·열·온·냉(寒熱溫冷)의 봄·여름·가을·겨울로 나타나고, 지의의 네 지대는 기후의 건습(乾濕 ; 사막과 습지대)과 산하(山河)의 높고 낮음으로 나타나게 마련이다. 그러므로 토산품은 천명에 의한 천산품(天産品)이요, 동시에 지의에 의한 지산품(地産品)이기도 한 것이다. 따라서 중국의 옛글에 나타나 있는 바와 같이 강남의 귤도 강북으로 건너가면 탱자가 된다는 까닭을 우리는 여기서 알 수가 있다.

이제 우리는 여기서 '신토불이'의 뜻을 좀더 구체적으로 되새겨야 할 차례에 이른 것 같다.

먼저 '신토불이'의 토(土)를 그저 토지(땅 또는 흙)로 생각하는 상식적인 틀에서 벗어나야 한다. 왜냐하면 신토불이의 토(土)는 땅·물·불·바람〔地水火風 또는 天地水火〕에 의하여 조성된 풍토(자연환경)로서의 '토'이기 때문이다.

또 달리 말하라 한다면, 풍토로서의 '토'는 천명과 지의가 일체가 된, 그리하여 철학적 천지수화가 합하여 하나가 된 '토'가 아닐 수 없다. 그러므로 내가 살던 고향은 꽃 피는 산골임에 그치는 것이 아니라 천명과 지의에 의한 토산품의 생명이 태어난 고향이기에 노상 그립기만 한 것이다.

그러한 의미에서 '신토불이'의 섭리는 내 고향의 모습인 동시에 내 자신의 얼굴(영상)이라 해야 할는지 모른다. 이러한 고향의 풍토에 맞추어 사는 것이야말로 참다운 삶의 지혜가 아닐 수 없다.

4. 생활의 지혜

지구의(地球儀)를 보면 날줄[經度]과 씨줄[緯度]이 바둑판처럼 얽혀 있는 것을 볼 수 있을 것이다. 이것은 모든 나라들의 국경선과는 아무런 관계도 없이 그어진 선들이다. 오직 지구표면의 위치를 올바르게 파악하자는 데 목적이 있기 때문에 이를 따로 풍토의(風土儀)라 해도 좋을는지 모른다. 지구 풍토의 다양성은 지구의의 씨줄·날줄만큼이나 다양하게 쪼갤 수 있기 때문이다.

우리들이 무심해서 그렇지 식물들의 분포를 보면 정확하게 제각기 풍토에 맞추어 살고 있는 것을 알 수 있다. 지금은 대부분 아파트에 살고 있기 때문에 철을 모르고 살고 있지만, 지난날 단독주택에서 살던 시절을 회상해보면 마치 수첩에 적어놓았던 날짜라도 맞추는 것처럼 새봄이 되면 어김없이 제 날짜에 난초싹이 돋아나고 수선화도 따라서 피어나던 기억이 아직도 새롭다.

삼월 삼짇날 강남 갔던 제비가 다시 온다는 노래도 있다. 작년에 왔던 각설이만 죽지 않고 찾아온 것이 아니라,

우리집 제비도 어김없이 찾아오는 것을 뉘라서 막을 수 있을 것인가.

이건 들은 이야기라 경험한 바는 없지만, 새들이 둥지를 높게 치면 그해는 장마가 지고, 개미집이 낮아지면 가뭄이 든다는데 옛 어른들이 어찌 허튼 말을 했겠는가.

벚꽃이 진해에서 피기 시작하여 서울에 도착하는 데는 대체로 보름은 걸릴 것이요, 산마루에서 피기 시작한 진달래가 산봉우리까지 올라가자면 하루이틀 가지고는 되지 않을 것이다.

여기서 우리는 모든 생물들이 나름대로 풍토에 맞추고자 하는 삶(생활)의 지혜를 가지고 있음을 엿볼 수 있다.

이렇듯 자연은 모든 생물(삼라만상)들에게 삶의 지혜를 안겨주고, 생활의 흐름에 빈틈이 없이 공생(共生)의 생태계를 마련해놓았다. 공생의 생태계야말로 모든 생물의 낙원이 아닐 수 없으며, 인류도 결코 예외일 수 없다.

그런데 어느 날 갑자기(사실인즉 오랜 준비 끝에) 생태계에는 이변이 일기 시작하였다. 사람들이 도끼를 들고 산에 올라 나무를 자르기 시작했던 것이다. 집도 짓고 배도 띄우고(노아의 방주처럼) 수레도 굴리기 위해서였다. 뿐만 아니라 부삽도 만들고 호미도 만들었으며, 괭이도 만들고 쟁기도 챙겼다.

땅에 씨를 뿌리기 시작한 뒤로 인류는 몇 곱의 수확을 거두었다. 둑을 막고 논을 만들어 벼농사 기술까지 익혔다. 이렇게 해서 농경문화는 싹이 텄다. 이는 태양의 은혜가 지극한 따뜻한 지대에서의 일이다.

그러나 한랭한 북쪽 땅, 그곳이 양떼라도 몰고 살 만한 지대라 하더라도 그곳에서는 겨우 목초나 자라는 것이 고작이었다. 오늘은 동에서, 내일은 서에서 자야 하는 유목민이 생기게 된 것도 따지고 보면 그들의 생활의 지혜에서 우러난 것이 아닐 수 없다.

그리하여 인류문화는 크게 두 갈래로 갈라지게 되었으니, 정착성(定着性) 농경문화와 이동성(移動性) 유목문화가 곧 그것이다. 열대성 인도의 선(禪)문화는 잠시 논외로 치더라도…….

한마디로 농경문화는 물(수도작)의 문화요, 유목문화는 불(모닥불)의 문화라 해야 할는지 모른다. 농경문화는 동방에서 유교문화로 승화하였고, 유목문화는 서유럽에서 기독교를 태어나게 하였다고 한다.

전설적이기는 하지만 중국의 건국신화에 나오는 신농씨(神農氏)는 백성들에게 최초로 농사짓는 법을 가르쳤을 뿐 아니라 백초를 맛보아(嘗百草) 약성을 밝힘으로써 향약의 시조가 되기도 하였다.

중국고대정치의 이상적 성세(盛世)로 알려진 요·순(堯舜)시대에 있었던 우왕(禹王) 부자의 설화는 지나치게 드라마틱하지만 감동적이다. 요(堯)의 신하였던 우왕의 아버지 곤(鯀)은 9년 동안의 치수(治水)의 실패로 극형에 처해지는 비운을 당했지만, 그의 아들 우(禹)는 순(舜)시대의 대규모 치수공사에 성공하여 하왕조(夏王朝)의 시조가 되었다는 이야기다. 여기서 잊어서는 안될 일은 다름 아니라 곤의 실패는 물의 순리를 거역하여 역류(逆流)케 했기 때문이요, 우의 성공은 물의 순리를 따랐기 때문이라는 교훈이다. 이는 곧 순천자(順天者)는 흥하고 역천자(逆天者)는 망한다는 순천사상의 근본이 아닐 수 없다.

우리 배달민족의 건국설화에 나오는 풍백(風伯)·운사(雲師)·우사(雨師)의 3정승도 동북아시아 농경문화의 상징적 인물로 받아들이지 않을 수 없다.

앞서 농경문화는 물의 문화라는 점에서는 수긍이 가지만 유목문화가 불의 문화라는 지적에 대해서는 아마도 고개를 갸우뚱하는 사람이 많을는지도 모른다. 왜냐하면 유목문화는 한·냉지대에서 태어났기 때문이다. 그러나 역설적으로 생각한다면 한·냉지대이기 때문에 불(따뜻함)을 더욱 그리워하고 이를 더욱 아끼게 되지 않았을까.

에덴동산의 이야기를 보라. 에덴동산에서 열매를 맺는 무화과는 남유럽 지중해 연안의 따뜻한 지대에서 열매를 맺는 과일이다. 우리나라 한반도에서도 남한의 최남단에서만 난다고 한다. 더욱이 아담을 꾄 뱀은 온·열대지대에서 서식하면서 찬 겨울에는 동면하는 냉혈동물이다. 그러한 의미에서 에덴동산은 뱀의 꼬임이 아니더라도 냉지대의 유목민들의 선망의 표적이 될 따뜻한 불의 동산이었던 것이다.

어둡고 차가운 한·냉지대의 유목민들에게 불은 그리움의 상징이 아닐 수 없다. 동으로 동으로 이동하는 유목민들이 태양을 숭배하는 것도 그들의 삶의 지혜에서 우러난 것이다.

농경과 유목으로 갈라선 두 문화는 물과 불로 상징되는 이질화에 그친 것이 아니라 모든 부문에 걸쳐서 그 차별성이 더욱 심화되어갔다. 다른 것은 다 그만두고 여기서 꼭 짚고 넘어가야 할 일의 하나는, 그들이 자연에 대하여 갖는 감정의 차이이다.

온대지방 사람들은 자연의 따뜻한 은혜에 감사하는 마음으로 항상 그(하늘) 섭리에 순응하려 하지만, 한·냉대지방 사람들은 차가운 환경을 극복하기 위하여 인위적인 인간의 힘을 과시하면서 자연을 정복하려는 과학의 발달에 기여하게 된 것이다.

흔히 우리들은 농경문화는 채식인종을 낳고 유목문화는 육식인종을 낳게 하였다고 한다. 그것은 그들이 생산 혹은 포획한 먹거리의 당연한 결과이다. 그러나 자연(신토불이)의 섭리는 채식문화가 주축을 이룬다는 사실을 잊어서는 안될 것이다. 우리들의 이빨(치아)구조를 살펴보더라도 육식치아인 견치(犬齒)는 전체 치아 32개 가운데 12.5퍼센트인 4개에 불과하고, 곡물을 씹는 데 적합한 구치(臼齒)가 62.5퍼센트인 20개인 데다가, 채식용으로서의 문치(門

齒)가 25.0퍼센트인 8개를 차지하고 있는 것으로만 보아도 알 수 있다. 자연의 섭리의 절묘함이여! 그런데 왜 우리들은 육식만을 즐기려 하는 것일까. 이는 진정 자연(身土不二)의 섭리에 역행하는 것이다.

5. 과학의 발달

인간·자연·과학의 삼각관계를 정리하여 새롭게 한 절을 꾸며볼까 하던 차에, 중앙 일간지 기사 가운데 우리 민족의 시원을 밝힌 대목이 눈에 띄기에 여기에 신는다.

국내에서는 아직 초보단계이지만 일부 학자들이 이 분자시계로 한민족의 기원을 밝혀내는 데 성과를 거뒀다고 한다. 이에 따르면 약 1만 3000여 년 전 충적세에 기온이 올라 따뜻해지면서 바이칼호 부근에 있던 몽골족이 우리나라를 비롯, 중국 북부와 아메리카대륙으로 퍼져나가 정착했다는 것이다. 이같은 추정은 우랄알타이어족인 원시퉁구스족의 한 갈래인 한족(韓族)이 중앙아시아에서 몽골지방으로 이동했다가 다시 한반도로 들어왔다는 많은 고고인류학자들의 견해와 일치한다.

오랫동안에 걸친 인류문화의 발전은 상보성원리와 생태계의 공생원리에 따라서 조절되어왔거니와, 농경문화와 유목문화의 갈라짐도 그러한 발전과정의 일면이라 이를 수 있다. 그러나 인류문화의 발전양상이 태극의 두 빛깔처럼 딱 부러지게 둘로 나누어지느냐 하면 그렇지만도 않은 것 같다. 왜냐하면 이 둘의 중간자로서의 혼합형도 있을 수 있기 때문이다.

몽골지방에서 동으로 동으로 이동하면서 한반도에 내려와 정착한 우리 민족은 벼농사〔稻作〕문화민족인가, 아니면 기마(騎馬)민족인가. 이것도 저것도 아니라면 이 두 민족이 합하여 하나로 조화되어 이루어진 민족인가. 그러나 아직 이 점에 대해서는 아무도 확답을 주지 않는다. 왜냐하면 고구려의 건국설화에는 고주몽(高朱蒙)이 상징하는 활 잘 쏘고 말 달리는(善射騎馬)의 풍이 있으니 유목민의 후예일 것도 같지만, 신라의 건국설화에 나오는 평화적 육촌의 협의체가 공존하고 있는 것을 보면 우리나라 농촌의 풍경을 그대로 설화화한 것으로 보이기도 하기 때문이다(더구나 일본의 벼농사는 한반도에서 건너갔다는 설이 가장 유력하게 받아들여지고 있음에라).

고려시대를 거쳐 조선조로 접어들어서도(1392) 우리의 농촌은 큰 변화가 없었다. 한여름에 열심히 논농사를 하다가 잠깐 쉬는 동안에 느티나무 그늘에서 낮잠을 즐기는 농민들은 하늘에서 쏟아주어야 할 비만 기다리는 처지였기 때문이다. 그러기에 천수답(天水畓)이라는 말이 있지 않던가.

지난날 우리 농민들에게 전천후(全天候)농사란 꿈에도

생각할 수 없는 것이었다. 예로부터 벽골제(碧骨堤 ; 삼한시대 저수지로서 지금의 김제에 遺址가 있음) 등의 저수지가 있어 논농사에 이용되었지만, 혜택을 받을 수 있었던 건 극히 일부지역뿐이었다. 당시로서 저수지 하나를 만드는 것은 몹시 힘든 일이었다. 웅덩이를 파되 웬만큼은 커야 하고, 둑을 쌓는다고 하더라도 웬만큼은 높아야 하기 때문이다.

그러기 위해서는 괭이나 삽만 가지고서는 되지 않는다. 아마도 등짐을 지더라도 포클레인이나 불도저와 같이 열 사람 이상의 몫을 단번에 해치울 수 있는 기계가 필요했을 것임에 틀림이 없다. 그런데 아직 그때는 그러한 기계는 어디에도 없었다.

1800년대로 접어들면서 서세동점(西勢東漸)의 물결을 타고 이양선(異樣船)이라는 이름으로 불리던 코 큰 서양인들의 배(鐵甲船)들이 한반도의 동서남해에 출몰하기 시작하였다. 긴 잠에서 깨어나기는 했지만 이게 웬 영문인지 알 턱이 없었다. 오랫동안 축적된 서양의 과학이 물밀듯 밀려들어오고 있는 줄을 꿈엔들 생각이나 했겠는가.

놀란 토끼마냥(무작정 쇄국주의로 앞뒷문을 꼭꼭 닫아버렸다) 꿈에서 깨어나기는 하였지만 유럽에서는 이미 그로부터 100년 전에 산업혁명이 영국에서부터 일어나(1760) 전 유럽이 바닥에서부터 달라져버렸다는 사실을 알 길이 없었던 것이다. 산업혁명이란 바로 수공업이 기계화됨으로써 과학기술이 급속도로 신장되어감을 의미한다.

제아무리 높은 수준의 전통문화를 간직하고 있다 하더라도 과학기술이 뒤떨어져 새로운 문명에 뒤진다면 야만인이나 다름 없는 후진국이 되어버린다. 진정 우리들이 그 꼴이 되어버린 셈이다. 선비들이 위정척사(衛正斥邪)를 내세워 도포자락을 펄럭이면서 갓망건을 곤두세우는 것만으로는 서양세력을 막아낼 길이 없었다.

눈 깜짝하는 사이(약 100년 동안)에 이루어진 산업혁명이라 하더라도 유목민들의 끈질긴 개척정신이 그 바닥에 깔려 있었다는 사실을 간과해서는 안된다. 농경사회의 안정성과는 달리 유목민은 날마다 새로운 세계(목초와 물)를 찾아헤매야만 한다. 새로운 세계의 발견은 곧바로 A가 B를 정복하는 것이 되므로 그것은 새로운 변화에 대한 적응을 강요한다. 새로운 생각과 새로운 과학기술이 요구되는 것이다. 그러므로 그들이 자리를 바꾸어 이동해간다는 것은 새로운 세계에 적응하기 위한 기술의 연마를 요구하는 것이나 다름이 없다.

연암 박지원(燕巖 朴趾源 ; 1737~1805)의 소설에 나오는 허생(許生)이 남해에 배를 띄워 태평세월을 구가하는 지상천국을 꿈꿀 무렵에, 서양인들은 바이킹 후예답게 해적선을 몰고 와서 자기네 과학기술의 뛰어남을 자랑하면서 동방 침략에 나섰던 것이다. 우리들 농경민의 후예로서의 은일군자국(隱逸君子國)도 어쩔 수 없이 그들(과학기술) 앞에 무릎을 꿇지 않을 수 없었던 것이 오늘까지 지배적인 현실임을 부인할 수 없다.

　이쯤 이야기를 끌고와 본즉, 꽤 까다로운 문제에 부딪히게 된다. 그것은 다름 아니라 자연과 인간과 과학의 삼각관계를 어떻게 풀어야 할지이다. 인간은 자연과 과학, 둘 다 저버릴 수 없다. 어쨌든 이 삼자를 회삼귀일(會三歸一 ; 단군설화를 상징하는 술어다)하여 커다란 조화를 이루도록 하여야 하기 때문이다.

　이제 나는 여기서 거두절미하고 공자의 다음과 같은 말을 되새겨봄으로로써 앞으로의 어떠한 시사를 얻어볼까 한다. 《논어》를 보면, "바탕〔質〕이 맵시〔文〕보다 나으면 촌뜨기, 맵시가 바탕보다 나으면 글친구, 바탕이나 맵시가 한데 어울려야 훌륭한 인물"(質勝文則野 文勝質則史 文質彬彬然後 君子)이라 했다. 여기서 바탕을 자연으로 바꾸고 맵시를 과학으로 바꾼다면 다음과 같은 글이 될 것이다.

　"과학이 자연을 극복하면 도시화되고 자연이 과학을 이기면 농촌에 머물 것이니 도시와 농촌이 한데 어울려야 이상국가가 될 것이다."

　과학이 자연을 이기면 흔히 이르기를 현대화 또는 도시화라 한다. 도시화라는 단어는 현대생활의 모든 편의시설을 총칭하는 말로서, 고층건물이 이를 상징하고 자동차의 물결이 또한 이를 대표한다. 기타 인간생활의 모든 물질주의적 시설은 이루 다 헤아릴 길이 없다. 그러나 한 가지 분명한 것은 농촌의 풍경이 멀어지고 순박함이 없어지고 모든 자연의 아름다움이 손상을 입는다는 사실이다.

그 반면에 자연이 과학을 이기면 농촌에 머문다는 것은 무엇을 뜻하는 것일까. 현대문명은 거침없이 눈부신 발전을 거듭하고 있는데도 불구하고 멍청하게도 제자리걸음만 하고 있는 후진성을 가리킨 말이다. 이른바 과학적인 생활용품(냉장고·텔레비전·위생시설·통신 및 교통시설 등)이나 의식주(衣食住)의 합리적 개량이 뒤진 상태를 가리킨 말이다.

그렇다면 어떠한 상태가 가장 이상적이라 할 수 있을 것인가. 그것은 상식적으로 말한다 하더라도—공자의 말(文質彬彬)을 빌리지 않는다 하더라도—도시의 발전이 농촌의 전통을 해치지 않고, 농촌의 현상이 원시상태에 머물지 않는, 이른바 도시의 발전과 농촌의 현대화가 하나로 어울리는 상태가 가장 이상적인 발전이라 할 수 있다.

그럼에도 불구하고 왜 현대과학문명의 발달을 경계의 눈으로 보지 않으면 안되는 것일까! 그 대답은 간단하다. 현대과학은·자연의 섭리—'신토불이'의 섭리 곧 생태계의 공생원리—에 역행하면서, 스스로 지나치게 독주하며 인류사회에 구조적 손상을 끼침으로써 이른바 환경파괴, 곧 공해라는 새로운 마법을 도입하여 인류를 멸망의 길로 인도하고 있기 때문이다.

자, 여기서 다시 한번 우왕과 그 아버지 곤의 이야기를 회상하면서 다음 절로 넘어가자.

곤과 우는 아버지와 아들의 관계요, 그들이 한 일은 다 같이 둑을 쌓는 일이었다(당대에도 과학적 지식을 최대한 동원한 대역사였다). 그럼에도 불구하고 왜 아버지 곤은 극형에 처해지는 최대비극을 맞아야 했고, 그의 아들은 영광스런 하왕조의 시조가 되었을까. 그것은 두말 할 나위도 없다. 우는 물의 흐름의 원리(자연의 섭리)에 순응하여 홍수의 제 갈 길을 터주었기 때문이요, 곤은 물의 흐름의 원리에 역행하여 홍수의 횡류(橫流)를 막아내지 못했기 때문이다.

우나 곤뿐이 아니라 자연(신)의 뜻에 순응하는 자는 흥하고, 자연의 뜻에 역행하는 자는 망한다는 것은 불멸의 진리임을 알아야 한다. 우리들이 새삼스럽게도 '신토불이'의 섭리를 거듭거듭 되새기는 까닭이 여기에 있다.

6. 환경파괴와 공해의 극복

1993년 2월 27일자 신문에 이런 기사가 실렸다.

　　남극상공의 오존층이 무려 절반 가량 파괴되었으며 현재
이로 인해 생긴 구멍이 날로 커지고 있다고 미항공우주국
(NASA) 관계자가 26일 경고했다.
　　나사의 대기 연구프로그램 설명을 위해 뉴질랜드를 방문
중인 이 관계자는 남극 오존층에 생긴 구멍의 크기가 무려
3,300만 제곱킬로미터에 달한다면서 현재 계속 커지고 있다
고 강조했다. 그는 대책이 즉각 마련되지 않을 경우 문제가
훨씬 심각해질 것이라고 경고했다.
　　오존층이 파괴될 경우 자외선 등이 지상에 그대로 내리
쬐어 피부암 등 인체에 치명적인 질병을 일으킬 수 있는
것으로 보고되어 있다.

　　오존층은 잘 알려진 바와 같이 성층권·전리층 등과 함
께 대기권의 한 층인데, 자외선의 침투로부터 지구를 감
싸주는 보호막으로서, 자연의 섭리로 말미암아 오랜 세월

을 두고 형성되어 생명체를 보호해주고 있다. 그러나 이렇듯 신(자연)의 뜻이 거기에 담겨 있음에도 불구하고, 현대문명에 도취한 인류에 의하여 짧은 기간에 파괴되어가고 있다니 실로 답답한 일이다.

요즈음 와서 천계(天界)의 질서가 무너지고 생태계의 공생체계가 파괴되는 상황에서 얻어진 새로운 단어 하나가 바로 공해(公害)라는 개념이다.

지금까지의 재해의 개념은 천재와 인재가 확실히 구분되었다고 볼 수 있다. 이른바 천재지변(天災地變)이라 하여, 대홍수나 심한 가뭄, 태풍과 같은 것은 '천재'요, 지진이나 화산폭발이나 해일과 같은 것은 '지변'이라 이를 수 있을 것이다. 전염병이나 교통사고, 비행기의 추락과 같은 것은 인재일 것이다.

그러나 18세기 후반(1760)에 태동한 산업혁명 이후 과학문명이 커다란 진보를 거듭하자, 그로 인하여 자연환경의 파괴가 가속화됨으로로써 자연계에는 뜻하지 않았던 재해현상이 나타나기 시작하였다.

그 가운데 가장 두드러진 예가 이른바 기상이변으로서, 예컨대 이상난동현상이나 지역에 따라서는 가뭄이 계속되거나, 반대로 큰 홍수가 지는 경우를 꼽을 수가 있다. 곳에 따라서 자주 일고 있는 지진도 들 수 있는데, 이것이 지하핵실험과 관련 있는지의 여부는 아직 확인된 바는 없다. 한편 앞서 지적한 오존층의 파괴는 대기오염과 깊은 관련이 있음은 이미 잘 알려진 사실이다.

참고로 1993년 4월 30일, 워싱턴에서 보내온 AP-연합통신을 요점만 뽑아 써본다.

> 태평양 해수온도의 이상상승현상이 장기화되고 있어 한편으로는 태풍의 빈발과, 다른 한편으로는 브라질과 아프리카, 오스트레일리아의 가뭄현상 등 지구촌기상이변이 앞으로도 당분간 계속될 것으로 보인다고 미국연방기상분석센터가 27일 전망했다.
>
> 태평양 중동부 열대해상에서 해수온도가 이상상승하는 이번 엘니뇨현상은 적도주변의 대기의 움직임과 기압에 영향을 미쳐 일부 지역에 잦은 태풍을 유발, 상승기류가 대기권상층의 제트기류 흐름에 교란을 일으켜 전세계적으로 기상이변을 초래하고 있다는 것.
>
> 태평양 엘니뇨현상으로 브라질 북부와 아프리카 남동부 지역을 비롯, 오스트레일리아와 인도에서 가뭄이 계속돼 농작물 작황에 타격을 줄 것으로 보이며, 대서양과 서인도 일대에 평소보다 허리케인 발생빈도가 줄어들 것으로 내다봤다.

이 기사에서는 이러한 기상이변의 원인은 밝히지 않았으나, 결코 정상적인 지구촌의 기상이 아니라는 사실은 분명하다.

또 근래 모일간지 칼럼에 씌어진 박연호(朴連浩) 논설위

원의 글은 실로 놀랄 만한 사실을 우리들에게 전해주고
있다.

　‘미국자리공’이라는 독초가 있다. 미국 등 북아메리카가
원산지인 이 식물은 여러해살이풀로 키가 2미터 가까이 되
며, 대기오염이 심한 지역에서 자라고 그 열매는 독성이 강
해 토양을 악화시킨다. 따라서 이 풀의 출현은 그 부근의
대기오염이 심각하고 땅이 죽어가고 있다는 경고가 되기도
한다.
　이처럼 독하고 고약한 풀이 지금 우리나라 곳곳에 나타
나 땅의 생명을 빼앗으며 자연생태계를 교란시키고 있다.
　최근 서울시립대 이경재 교수가 조사해서 보고한 바에
따르면 울산과 여천공단 근처에 무서운 속도로 번성하여
세력을 뻗치고 있으며, 서울 남산의 남쪽비탈에서도 간간
이 ‘미국자리공’이 눈에 띈다는 것이다.

‘미국자리공’이라는 식물은 공해와 밀접한 관계가 있는
식물로서 공해의 척도라고도 할 수 있다. 이로써 우리나
라 대기오염의 심각성을 알 수가 있다.
　이러한 현상을 한 포기 풀의 기이한 반응이라고 해버리
면 그만이겠지만, 자연의 무서운 심판의지가 깃들어 있음
을 헤아려본다면 실로 두려운 일이 아닐 수 없다.
　지금까지 우리 주변에는 천지개벽이니 또는 불의 심판
이니 하는 종교적 의미의 천변지이(天變地異)설이 없지 않

왔다. 종교적 재이설(災異說)은 예언적인 성격이 짙다고 할 수 있지만 이러한 미국자리공은 보복 전 심판의 예시적(豫示的) 또는 묵시적(默示的) 성격을 띠고 있다는 점에서 새롭게 주목을 끈다.

이러한 예시적 재앙은 조직적인 측면에서는 이른바 생태계의 파괴로 나타난다.

생태계의 파괴에 따른 재앙의 정도는 아직은 아무도 예측할 수 없지만, 그것이 필연코 생물진화의 원칙에 역행한다는 사실만은 인정하지 않을 수 없다.

이렇게 생각해본다면 공해란 인재에 의하여 조작된 천재를 가리킨다고 해야 할는지 모른다. 천재의 원인이 절대 불가항력적인 것이 아니라 인위적인, 다시 말해 인간에 의하여 조성된 것이기 때문이다. 공해를 만들어낸 주범도 인간이요 공해를 없애기 위해 책임을 져야 할 주체도 인간 자신이다.

공해란 '신토불이'의 섭리를 역행하는 것을 가리킨 것이다. 모든 생명이(인간도 포함하여) 환경에 적응('신토불이'의 섭리)하는 과정에서 창조되었다고 한다면, 공해란 바로 환경에 대한 인간의 적응력을 파괴하는 것이기 때문이다.

앞서 풍토론에서도 지적한 바 있듯이 동서의 철인들이 주장한 바 있는 땅·물·불·바람의 4원소는 그것이 또한 역설적으로는 공해의 배경이 된다.

환경공해
身土不二

먼저 땅[地], 곧 대지(大地)의 공해는 어떤가. '신토불이'의 핵심과제가 토지에 깃들어 있다고 한다면 이를 해치는 화학비료나 살충제의 사용에 따른 농토의 황폐화는 심각한 문제가 아닐 수 없다.

공업화와 도시화 과정에서 일어나는 농토의 잠식 또한 간접적인 피해로 간주할 수도 있다. 그나마 잠식되고 남은 농토는 희소자원으로서 소중하게 가꾸어야 함에도 불구하고, 인위적인 과학적 증산활동으로 말미암아서 토지의 기(氣)를 극단적으로 소모시키고 있다. 이러한 토지공해로 인해 땅을 토대로 하여 살아오던 곤충이나 작은 동물들이 하루에도 수백 종씩 절멸되고 있을 뿐 아니라, 그 독소는 마침내 인류의 건강과 생명을 노리게까지 되었다.

물[水]의 공해는 어느덧 세계적인 과제가 되어 있으므로 여기서 이러쿵저러쿵 번거롭게 긴 이야기를 늘어놓을 필요도 없을지 모른다. 그러나 우리들의 경각심을 돋우기 위하여 영남의 낙동강과 호남의 주암호 현황을 살펴보기로 하자.

보도에 의하면

낙동강 하구 강바닥 토양에서 암과 태아기형을 유발하고 고엽제의 원료로 사용되는 다이옥신이 검출되고 강물에서 각종 중금속이 허용기준치보다 최고 4,300배 넘게 검출되는 등 철새 도래지인 낙동강하구가 크게 오염된 것으로 밝혀졌다.

광주와 목포 등 전남도내 주요도시에 하루 118톤의 식수를 공급하게 될 주암호의 수질이 생활하수와 축산폐수 등으로 크게 오염되고 있는 것으로 나타났다. 광주지방환경청이 최근 조사한 결과 지난 1991년 5월 준공된 주암댐은 화순·승주·담양군 등 주변 23개 읍면 465개 마을에서 유입되는 각종 생활하수와 축사폐수 등으로 심하게 오염된 것으로 나타났다. 주암댐으로 유입되는 오·폐수 발생량은 지난 1991년 하루 2만 8,000여 톤이던 것이, 1996년에는 21퍼센트가 늘어난 3만 7,000여 톤에 이를 것으로 예상되는 등 오염이 가속되고 있다. 주암댐의 수질은 최근 2년 동안 급격히 악화되어 화학적 산소요구량(COD)의 경우, 지난 1991년 2.2피피엠(p.p.m.)에서 지난해는 2.7피피엠으로 증가됐는데, 이는 소양댐 1.6피피엠보다도 훨씬 높은 수치다. 이에 따라 주암댐의 대부분의 오염이 COD기준으로 이미 2, 3등급을 넘어섰으며, 질소산화물도 0.84피피엠으로 지난 1991년의 0.78피피엠보다 크게 높아졌다.

이 밖에도 공장폐수와 선박의 폐기물에 따른 해양오염도 수질오염의 테두리 안에서 다루어져야 할 것이다.

불[火]의 공해는 어떠한가. 여기서의 불은 태양열과 화석연료를 들 수 있다. 태양열의 인위적 보강을 위한 비닐 재배는 사계절을 모르는 철부지 생산물을 다량으로 만들어냈으나 반면에 계절적 리듬을 깨버림으로써 천연의 미각을 상실하게 하였고, 화석연료를 사용한 난방시설은 인간생리에 따른 육체활동의 무기력함을 조장시켰다. 철부지의 식생활과 연중 냉온방생활은 인류의 기력을 몽땅 나약의 수렁 속으로 몰아넣어버리고 있다. 일조권(日照權)은 그나마 어디에 가서 찾아야 할 것인가.

바람〔風〕의 공해는 어떠한가. 바람은 대기의 이동에서 이루어진다. 그러므로 대기오염은 바람공해의 장본인임이 분명하다.

대기오염의 주범은 공장의 매연과 자동차의 배기가스와 비행기의 공중분출 등을 들 수 있다. 또 하나 냉장고 등에 사용되는 프레온가스도 제외할 수는 없다. 이 모두가 문명의 이기를 사용하는 인간의 욕망이 대기오염의 주역임을 보여주는 것이다.

이로써 생명의 4대원천 모두가 공해에 시달리고 있으며 모두가 병들고 있음을 알 수 있다. 이는 곧 '신토불이'의 섭리를 파괴하는 인류의 범죄적 처사가 아닐 수 없다. 그리고 바로 인류자멸로 가는 지름길이기도 한 것이다. 우리는 이를 총체적으로 환경공해라는 이름으로 부른다.

금세기가 낳은 석학 아널드 토인비도 저서 《21세기를 여는 대화》(p. 56)에서 인류의 위기상황을 다음과 같이 분석하고 있다.

환경에 미칠 수 있는 인간의 힘이 인류를 자멸로 인도할

수 있는 데까지 이른 것은 이미 의문의 여지가 없는 것같
이 생각됩니다. 만일 인간이 그 힘을 탐욕을 만족시키기 위
하여 계속 사용한다면 자멸은 반드시 올 것입니다.

　인간은 본래 탐욕한 존재입니다. 왜냐하면 탐욕성은 생
명의 특질의·일부이기 때문입니다. 인간이 갖고 있는 이 탐
욕성은 또한 다른 생물에도 공통적인 것입니다. 다른 생물
과는 달라서 인간에게는 의식이 있고 그 덕택으로 자신의
탐욕을 자각하게 되는 것입니다. 곧 인간의 탐욕성에 힘이
가하여지면 그것은 파괴성을 갖게 되고 따라서 악이 된다
는 것을 인식할 수 있습니다. 이 때문에 인간은 또한 자기
억제의 실현이라는 곤란한 윤리적 노력을 할 수 있는 것입
니다

라 하여 인류가 자멸에서 스스로 탈출할 윤리적 극기(克
己)를 우리들에게 요구하고 있다. 그에 대해 대담자로 나
선 일본인 작가 이케다(池田大作)는 다음과 같이 대꾸하고
있다.

　곧 인간의 내면적인 변화가 있고서 비로소 재해방지의
방법도 발견할 수 있게 될 것입니다. 나는 정치가나 기업가
나 과학자를 비롯하여 인간 한 사람 한 사람이 이러한 관
점에서 재해의 원인을 응시하지 않으면 안된다고 생각합니
다. 그렇지 않으면 지구를 파멸에서 구할 수 없는 데까지
현대사회는 와 있는 것으로 생각됩니다.

두 사람의 대화가 이루어진 것은 1974년 7월이니 만 19년이 조금 지났다(1993. 현재). 20년 가까운 세월이 지나서야(1992. 6.) 비로소 이른바 '리우선언'이라는 것을 채택하여 지구촌은 인류자멸의 수렁에서 벗어나려고 몸부림치고 있다. 그 전문 27원칙을 여기에 다 옮길 수는 없고 내용 가운데 몇 구절만 참고삼아 뽑아보면 다음과 같다.

원칙 1. 인간을 중심으로 지속가능한 개발이 논의되어야 함. 인간은 자연과 조화를 이룬 건강하고 생산적인 삶을 향유하여야 함.

원칙 10. 환경문제는 적절한 수준의 모든 관계 시민들의 참여가 있을 때 가장 효과적으로 다루어짐. 국가차원에서 각 개인은 지역사회의 유해물질과 처리에 관한 정보를 포함해 공공기관이 가지고 있는 환경정보에 적절히 접근하고 의사결정에 참여할 수 있는 기회를 부여받아야 함.

원칙 14. 각 국가는 환경악화를 심각하게 초래하거나 인간의 건강에 유해한 것으로 밝혀진 활동이나 물질을 다른 국가로 재배치 또는 이전하는 것을 억제하거나 예방하기 위하여 효율적으로 협력하여야 함.

'리우선언'은 뒤늦게나마 인류의 자구책을 선언한 것으로 환영해야 할 일이지만, 실효를 거두기 위해서는 인간의 탐욕을 억제하는 윤리적 극기—도덕성의 회복—가 절실하게 요청된다는 점을 주목하지 않을 수 없다.

7. 도덕성의 회복

앞에서 우리들은 아널드 토인비의 글 속에서, 인간은 탐욕성 때문에 공해라는 재앙을 자초하게 되었고, 이 공해를 극복하자면 반대로 인간의 탐욕성을 억제할 수 있는 자제력이 필요하다는 것을 배우게 되었다.

그러고 보면 인간은 본래 탐욕과 극기력을 함께 지니고 있다고 볼 수 있다.

이러한 인간의 이중적 구조(이중성)에 대하여는 많은 윤리학자나 철학자들이 나름대로 언급하고 있다. 그러나 우리는 그에 앞서 공자의 원초적인 생각을 잠시 살펴보는 것도 좋을 것 같다. 공자와 토인비 두 사람의 생각이 2천 수백 년이라는 시간적 간격에도 불구하고 서로 엇비슷하기 때문이다.

먼저 공자는 인간이 욕심쟁이라는 사실을 "네가 하기 싫은 일을 남에게 하지 마라"(己所不欲 勿施於人)고 함으로써 경고하고 있다. 이를 바꾸어 말한다면 "남이 네 돈을 빼앗아가는 것이 싫거든 너도 남의 것을 욕심내지 마라"

는 뜻이다. 이렇듯 인간은 날 때부터 본래적으로 탐욕성을 지니고 태어났기 때문에 공자의 정신을 이어받은 맹자도 이를 그대로 답습하여, 욕심을 송두리째 뽑아 없애라고는 하지 않고, 욕심을 억제하고 줄여가면서(寡欲) 마음속에 감추어져 있는 선심(善心 ; 도덕성)을 일깨워내도록 유도할 것을 가르치고 있다.

다음으로 공자는 욕심을 억누르는 자제력을 《논어》의 안연편에서 극기복례(克己復禮)란 말로 표현하였다. 여기서 극기란, 곧 토인비가 말한 이른바 자기억제력이고, 이때에 억제받아야 할 자기는 곧 탐욕성으로 상징되는 자기이기도 하다. 그러므로 도덕성 회복이란 바로 극기(자기억제)의 결과로서 얻어진 선심(善心)임은 다시 말할 나위도 없다.

그렇다면 과연 도덕성이란 어떻게 이해되어야 할 것인가. 이를 이해하기 위해서는 좀 까다로울지 모르나 도덕성의 근원이 되는 천리(天理), 천도(天道), 또는 천명(天命)이 무엇인가를 알아야 하고, 도덕성의 구조적 실상을 알기 위해서는 이른바 인성론(人性論)이라 불리는 인간성의 실상을 논한 글들을 뒤적여보아야 할 것이다.

어쨌든 이 문제를 풀어내기 위해서는 철학·윤리·종교, 나아가서는 심리학까지도 동원해야 하겠지만, 이 책의 성격상 너무 지나친 학구적 언급은 바람직하지 않기 때문에 수박 겉핥기식으로나마 문제의 초점만을 다음에 다루어보기로 한다.

먼저 천리(天理)라는 단어는 중국의 송대(宋代) 철학자들이 즐겨쓰던 단어로서, 그 대구(對句)가 되는 것이 바로 인욕(人慾)이다. 공자는 이른바 극기력의 근원을 이 천리에 두고 있음이 분명하다. 이는 곧 도덕성의 근원이 바로 천리임을 의미한다.

그렇다면 천리란 무엇인가. 실로 "순결하여 티 하나 없고"(純潔無垢) "지극히 공평해 사사로움이 없는"(至公無私) 것이 바로 천리다. 그러므로 천리는 인욕을 억제하고 도덕성을 자각하게 하는 원천이 아닐 수 없다.

한편으로 천리는 무형무질(無形無質)한 철학적 용어로서 거기에서 극기할 수 있는 위력이나 권능의 흔적은 찾아보기 힘들다는 반론도 없지 않다. 이 천리설이 송대 철학의 근간인 성리학(性理學)의 주축이 된 사실을 보지 않고 지나쳐버려서도 안될 것이다.

천도란 인도(人道)와 서로 상대적으로 쓰이고 있는데, 사람의 길이란 분명히 보이는 길이지만 천도의 길은 과연 있는 것일까. 길이란 본래 한 장소에서 다른 장소로 가는 가장 가까운 거리(때로는 돌아가기도 하지만)를 가리킨 것이요, 때로는 각각의 장소를 연결시켜주는 끄나풀이기도 하다(自此至彼曰道).

공자가 "사람이 길을 넓혀주는 것이지 길이 사람을 넓혀주는 것이 아니다"(人能弘道 非道弘人—《논어》, 위령공편)라

한 것은, 사람의 길(인도주의)이란 사람들 자신이 능동적으로 넓혀야 하는 것이지, 사람들은 가만히 있는데 길이 나서서 펼 수 있는 것이 아니라는 뜻이다.

그러므로 《중용》이나 《맹자》에서는 "지성〔誠〕이란 하늘의 도(天道)요, 지성스러운 것(誠之 또는 思誠)은 사람의 도(人道)니라"고 하였다. 지극한 정성을 다하여 지성스럽게 인생을 살아가는 것이 바로 인도임을 밝힌 것이라 할 수 있으므로, 천도란 곧 그러한 인도의 원천임을 알 수 있다. 실천윤리의 극치(진수)가 아닐 수 없다.

그러한 뜻에서 도덕성의 회복이란 멀리 도사리고 있는 천리(天理) 속에 들어 있는 (관념적인) 것이 아니라 아침 저녁으로 성실하게 살아가는 순박한 사람들의 가슴속에 깊이 자리잡고 있다고 해야 할는지 모른다.

다음으로 천명(天命)은 과연 어떻게 이해해야 할 것인가. 공자도 그의 자전적인 기록에서 "나는 오십에야 비로소 천명을 알았다"(五十而知天命)고 하여, 천명은 그리 손쉽게 깨달을 수 있는 성질의 것이 아님을 시사해주고 있다. 그러므로 천명은 곧 '하느님의 말씀'이요, 나아가서는 하느님의 윤리적 계명이요, 도덕적 지상명령이다.

그렇다면 천명이란 어디에 어떻게 어떤 모양으로 끼어 있는 것일까.

기독교에서 태초에 하느님이 말씀으로 존재한다고 한 것을 보면 천명이란 하느님 자신의 모습인지도 모른다.

그러한 하느님이 유교에서는 "천명 그것이 바로 인성이
다"(天命之謂性)고 하여 천명이 인성(人性)의 탈을 쓰고 인
간 안에 존재하고 있는 것으로 이해하고 있다.

철학자들은 이러한 인격적인 천명을 도덕률(道德律)이라
이르기도 한다. 그러므로 도덕성이란 윤리적 천명을 간직
하고 있는 인성이 아닐 수 없다.

때로 도덕성은 무형무질한 상태로 인간 안에 들어 있으
면서 선악을 분별하는 계명을 지시하고 있기 때문에 이를
양심(良心) 또는 양식(良識)이라 이르기도 한다. 그러므로
도덕성의 회복은 곧 양심을 다시금 불러일으키는 운동이
라 해도 좋을 것이다.

이처럼 천명으로서의 도덕률이 인간 안에 존재하고 있
음(人間內存在者)에도 불구하고 새삼스럽게 도덕성의 회복
을 외쳐야 하고 양심의 깨우침을 호소해야만 하는 것일
까! 그것은 다름 아니라 인성 안에는 구조적으로 천리(天
理)와 인욕(人慾)이 자리를 함께 하고 있으며, 도의를 깨
우쳐주는 도의지성(道義之性)과 인욕의 상징인 금수지성
(禽獸之性)이 공존하고 있기 때문이다. 학문적으로 앞의
것은 도심(道心)이라 이르고 뒤의 것인 금수지성은 인심
(人心)이라 이른다.

이 둘은 소리 없이 얌전하게 대좌하고 있는 것이 아니
라, 아침에 눈을 뜨고 일어나면서부터 저녁에 밥상을 물
리치고 잠자리에 들 때까지 한시도 쉼이 없이 선악의 분

별을 위하여 '서로 다툼'(相訟)을 거듭하고 있다. 단적으로 말해서 인간은 도덕적으로는 선과 악의 싸움터이기도 한 것이다.

이제 비로소 인간은 밥만 먹고 사는 짐승〔禽獸〕이 아니라 선악과를 따먹는 윤리적 존재인 것이다. 도심(道心)과 인심(人心)과의 싸움에서 승부의 결판을 내야 한다. 이로써 도심이 승자가 되면 스스로의 욕심을 억제하고 예를 좇아가는 사람(克己復禮者)이 되지만, 도심이 인심〔人慾〕에 의하여 패하게 되면 실낙원의 숙명적 원죄를 짊어지지 않을 수 없게 된다. 선악의 갈림길은 이처럼 아슬아슬하게 순간적 판단에 좌우되니 어찌 두렵지 아니한가!

그러므로 태초에 조물주가 인간을 창조하여 태어나게 할 적에 도덕성이라는 칼—선악을 판단할 수 있는 능력—을 쥐여주기는 하였지만, 그것의 사용 여부(실천)는 인간 스스로의 자율에 맡겼다는 사실을 알아야 할 것이다.

견물생심(見物生心)이라 했듯이 우리들의 주변에는 욕심나는 물건들이 너무도 많다. 현대문명의 발달은 어쩌면 인간의 욕심을 돋우기 위하여 퍼다부어놓는 현란한 장터인지도 모른다.

이러한 급격한 물질문명의 성장속도는 너무도 급진적이기 때문에 인간의 자율적 자제력(극기)이 그 뒤를 따라잡지 못하고 있다.

이웃이 냉장고를 가졌으니 나도 가져야 한다. 이웃이

자가용을 굴리는데 나만 걸어다닐 수 있나……. 이것이야 말로 인욕의 수렁에 빠져드는 인간의 모습이다.

자연(지구) 환경을 파괴하고 있는 공해는 욕심을 이기지 못한 인류에게 내린 하늘의 벌이라고 해야 할는지 모른다. 그러므로 속죄의 길은 오직 본래적인 인간의 도덕성의 회복에 있다. '신토불이'의 섭리가 인간의 양식에 뿌리하고 있다는 까닭이 여기에 있다.

겨 울

둘이면서 하나인 섭리

1. 둘이면서 하나가 되는(二而一) 묘리

'신토불이'의 어원이 어디에서 유래하였는지에 대한 체계적인 연구는 아직 이루어지지 않은 상태이지만, 그것이 대체로 불교경전의 하나인 《법화경》의 현의(玄義 ; 오묘한 이치)를 해석하는 글 가운데서 따온 것만은 분명한 것 같다.

《불교대사전》 십불이문(十不二門)조에,

> 형계존자(荊溪尊者)가 법화경의 오묘한 이치를 해석하여 본적십묘(本迹十妙)를 밝히고 열 가지의 불이문(不二門)을 세워 일념(一念)의 마음에 귀결시켰으며, 관법대강(觀法大綱)을 표시하여 그 깊은 뜻을 밝혔다. 지금 그 본적(本迹)의 십묘(十妙)와 불이문(不二門)의 상섭(相攝)을 열거하면 아래와 같다.
>
> ① 색심불이문(色心不二門)　② 내외불이문(內外不二門)
> ③ 수증불이문(修證不二門)　④ 인과불이문(因果不二門)
> ⑤ 염정불이면(染淨不二門)　⑥ 의정불이문(依正不二門)
> ⑦ 자타불이문(自他不二門)　⑧ 삼업불이문(三業不二門)

⑨ 관실불이문(觀實不二門)　⑩ 수윤불이문(受潤不二門)

이라 하였는데 여기서 주목해야 할 대목은 ⑥ 의정불이문(依正不二門)에 대한 해석이다.

　의정(依正), 이는 의(依)와 정(正)의 이보(二報)가 되며 중생의 소의(所依)하는 국토(國土)와 자구(資具)를 의보(依報)라 하고, 능의(能依)하는 심신(心身)을 정보(正報)라 함

이라 하였으니, 여기서 의보(依報)로서의 의(依)는 국토, 곧 토(土)요, 정보(正報)로서의 심신은 곧 신(身)이니, 의정불이(依正不二)란 곧 '신토불이'의 다른 표현일 수 있다.

　잠시 이 관계를 좀더 깊이 이해하기 위하여 앞서 이미 인용한 바 있는 아널드 토인비와 이케다의 공저인 《21세기를 여는 대화》라는 책 가운데서(p. 45) 제 1 절을 보자.

　이케다　불법(佛法)에서는 자연계 그 자체가 독자적인 생을 보전하여 지니는 생명적 존재라고 설명하고 있습니다. 그리고 인간은 환경인 자연과 융합해야 비로소 함께 생을 영위하고 향수할 수 있는 것이고, 이외에는 자기의 생을 창조적으로 발휘할 수 있는 방도가 없다고 가르치고 있습니다.
　불법의 의정불이(依正不二)의 원리는 이와 같은 자연관에서 인간과 자연이 서로 대립하는 관계에 있는 것이 아니고 서로 의존하는 관계에 있다는 것을 밝히고 있다고 할 수 있습니다.

……그리고 환경은 같은 인간이라도 한 사람 한 사람에게 독자적인 것입니다. 이런 의미에서 생명주체와 환경이라는 것은 일체불이(一體不二)의 관계에 서 있는 것이라고 할 수 있습니다.

불법은 혼연일체가 된 주체와 환경의 관계를 추구해간 끝에 그 원동력을 우주 속에서 맥동하는 생명력에서 찾아내고 있습니다.

이것이야말로 '신토불이'의 정론(正論)인데, 이에 대한 토인비의 동의도 주목하지 않을 수 없다.

토인비 과연 당연한 말씀입니다. 그러나 그리스어나 라틴어 교육을 받고 그리스도교 이전의 그리스·로마 문학을 배운 서양인으로서도 의정불이(依正不二)라는 개념은 낯선 것은 아닙니다. 왜냐하면 그 이념은 그리스도교 이전의 그리스·로마 세계의 세계관이었기 때문입니다.

이로써 의정불이(依正不二), 곧 '신토불이'의 '신'은 심신으로서의 생명체요, '토'는 자연환경으로서의 국토라는 사실이 확인되었다고 할 수 있다. 불가의 달관에 새삼 감탄하지 않을 수 없다.

일본인 학자 사쿠라자와(櫻澤如一)는 그의 스승과의 공저인 《일본정신의 생리학》(日本食糧硏究所 刊)이라는 소책자에서 불전의 원전은 밝히지 않은 채 이르기를,

불전에서 이른바 "依正互融 身土無邊" 또 "身土體一 身土相卽"이라 한 것은 다분히 그러한 진리를 철학적 명상적으로 갈파한 것이라고 할 수 있다.

또 그리스신화에서 '땅의 아들'이라고 불리는 거인 안데오스가 그의 발이 대지 위에서 떨어지자마자 큰 힘을 잃고 헤라클레스에게 패배한 것도 신토불이의 도리를 풍자한 것이 아닌가 한다

고 한 것은 토인비와 이케다의 대화를 뒷받침한 것으로 받아들여질 뿐 아니라, 그의 그리스신화 분석은 토인비가 말한 그리스·로마의 우주관을 그대로 옮겨놓았다는 점에서도 흥미롭다.

그리하여 1928년에 발간된 이 소책자에서는 일방적으로 '신토불이'라 이르면서 다음과 같이 쓰고 있다.

불법의 이른바 '신토불이'라는 원칙은 세계 각 지대의 주민들은 거의 다 기후의 한열, 대기의 압력·방향·온도, 토지의 건습, 공중전기·지중자기의 특유한 작용에 의하여 그 땅에 적응·출현·생장한 자연의 주산물을 주식으로 삼고 부산물을 부식으로 삼음으로써 심신(心身)을 양육한 습관법 자연률을 가리킨 것이다. 새로운 말로 바꾸어 말한다면 가장 넓은 의미로서는 식물의 자급자족이라고 할 수 있다

고 하여 오로지 '신토불이'의 원칙을 식량학의 입장에서

이해하고 있음이 특이하다.

어쨌든 그의 원의(原義)가 불법에서 유래하였고, 비록 식량학의 기초이론으로 정립하였다 하더라도, 의정(依正)·신토(身土) 등을 호융(互融)·무변(無邊)·체일(體一)·상즉(相卽) 등의 개념과 묶어서 '신토불이'라는 개념으로 정립한 공을 그에게 돌림에 조금도 인색해서는 안될 것이다.

'신토불이'라는 단어를 비록 불전에서 얻어왔다 하더라도 이제는 그 의미를 나름대로 우리 것으로 만들고 또 우리의 뜻대로 풀어야 한다.

'신토불이'라 하면 '신'과 '토'에 지나치게 치우친 반면에, 불이문(不二門)의 의미에 대하여서는 어쩌면 너무나 소홀하지 않나 싶기도 하다.

불이문(不二門)의 불이(不二)는 여러 가지로 표현할 수가 있다.

불이(不二)란 곧 둘이면서 둘이 아니다(二而不二)는 뜻으로서, '신'과 '토'는 둘로 나누어진 개체이지만 그 본질을 따지면 둘이 아니라는 뜻이다. 원효대사가 그의 화백가(和百家)의 이쟁(異諍)을 논하면서 "합이문지동귀"(合二門之同歸)라 한 것은 이를 두고 이른 말이 아닐 수 없다.

그러나 더욱더 간결한 표현으로서는 율곡이 그의 이기론에서 이와 기의 관계를 둘이면서 하나(二而一)의 묘합(妙合)이라 칭한 것을 들 수 있다. 이(理)와 기(氣)의 관계는 둘이나 둘이 아닐(二而非二) 뿐 아니라 둘이 아님은(非

二) 곧 하나(一)라고 주장한 것이니, 이 하나야말로 이자묘합(二者妙合)의 상징적 하나가 아닐 수 없다.

태극기의 태극을 그린 청·홍 두 빛깔은 음과 양을 상징한 것이지만 이를 음양기(陰陽旗)라 하지 않고 왜 태극기(太極旗)라 할까. 그것은 음과 양을 둘의 대립관계로 볼 때에는 음양기라 해야 옳을 것이지만, 음과 양을 하나로 묶어서 볼 때에는 태극기라 불러야 마땅하기 때문이다. 이를 철학적으로 부연하여 설명한다면 전자는 이원론적(二元論的)이라 할 수 있고, 후자는 이이일원론적(二而一元論的)이라 할 수 있을 것이다.

좀 주먹구구식 논리라고 할는지 모르나 인류문화 발전과정의 사유양식을 크게 둘로 나눈다면, 이원론과 중화적(中和的) 일원론으로 나눌 수 있는 줄로 안다. 대체로 많은 학자들은 앞의 것은 서구적 사유양식이요, 뒤의 것은 동양적 사유양식이라는 데 인식을 같이하고 있다.

서구적 사유양식은 왜 이원론적일까. 앞에서도 여러 번 말한 바 있듯이 서구지역은 한·냉지대로서 유목민들이 녹지를 찾아헤매면서 살던 고장이다. 그들의 쉴새없는 이동은 새로운 생활터전인 녹지대의 점령을 의미하기 때문에 그들에게는 적과 타협이란 있을 수 없다. 삶과 죽음의 갈림길에서 삶을 이어온 유목민들의 사유양식은 양자택일이 있을 따름이다.

냉지대 유목문화의 이란성 쌍둥이인 기독교와 공산주의

가 서로 이데올로기는 다르다 하더라도 상호 배타적 성격
에서는 어쩌면 그렇게도 똑같이 닮았는지 모르겠다.

그렇다면 동양적 사유양식은 왜 중화적인 둘이면서 하
나라고 하는(二而一的) 묘합으로 발전하였을까.

이 문제를 풀기 위해서는 동양 또는 동방의 지정학적
위치를 분명히 따져야 하고, 그 안에 포함된 나라나 민족
들의 이합집산(離合集散)도 따져보아야 한다.

서구와 대(對)가 되는 동양의 대표적인 나라 혹은 민족
으로서는 한·중·일 세 나라를 들 수 있다.

이들 세 나라는 서구의 한·냉지대와는 달리 대체로 사
계절이 분명하고, 밤과 낮의 구분에서 길고 짧음은 있으
되 균형잡힌 한·열·온·냉을 경험하는 지대라고 할 수
있다. 생활수단으로서의 농경문화도 자연과 더불어 평화
로운 정착 속에서 이루어지는 것이 각박한 유목민들의 생
활과는 대조적이다. 투쟁적이 아니라 평화적이요 융화적
인 까닭이 여기에 있다.

공자의 '서(恕)사상'도 이러한 배경에서 나오게 되었다
고 볼 수가 있다. '서'(恕)란 회의문자로서, 이를 풀어보면
'두 사람의 마음이 같음'(如二人之心)을 압축하여 한 자로
만든 것이다. 다시 말하면 '두 사람의 마음이 하나가 되
게'(二而一) 하는 것을 '서'라 이르는 것이다.

'서'(恕)에는 두 가지 의미가 있다. 하나는 '남의 잘못을
관대하게 보아주는 용서(容恕)'가 있고, 다른 하나는 '남의

처지를 미루어 생각해주는 추서(推恕)'가 있다. 공자의 '서'
는 뒤의 것에 속해 있다. 바로, '미루어 처지를 바꾸어 생
각'하는 경우다.

추서를 좀더 구체적으로 설명한다면 "내가 하고 싶은
일이 있으면 남들도 다 같은 마음일 것이라고 미루어 생
각하여 남부터 먼저 하고 싶은 대로 해주라"(己欲立而立人
己欲達而達人)는 것이다. 다시 말하면 "내가 아들에게 효를
요구하고 싶으면 아버지의 아들인 나에게도 아버지께서는
효를 요구할 것이니 이를 미루어 생각하여 아버지에게 효
도를 하는 것"(所求乎子以事父)이 다름 아닌 '서'인 것이다.

이러한 '서'(恕) 정신은 바로 두 사람의 마음을 하나로
묶는 데 결정적인 작용을 한다. 다시 말하면 '서사상'이야
말로 '둘이면서 하나'라는(二而一的) 묘합의 선구적 사상이
라고 할 수가 있다.

이처럼 공자의 '서사상'에서 비롯한 것으로 보이는(공자
사상을 동양사상의 시원으로 보기 때문이다) 양자묘합(兩者妙
合)의 사상은 그후 철학·종교·윤리 등 각 방면에서 나름
대로 발전하였거니와(다음절에서 상술하겠다), 이제 문득 생
각나는 것이 있어 철학사상을 즐기는 철학도들을 위하여
이를 약술하면 다음과 같다.

인류문화사에서 기이하게도 특이한 한 시대가 있으니
이름하여 차축시대(車軸時代)라 한다. 연대로 치자면 기원
전 500년을 전후로 한 시대로서 서로 약속이나 한 듯이

세기적 성인으로 추앙받는 4대성인이 함께 나란히 탄생한 것이다.

중국 산동성에서 탄생한 공자의 생몰연대는 기원전 551년에서 기원전 479년으로 기록되어 있고, 그 다음 그리스에서 출생한 소크라테스의 생몰연대는 기원전 470년에서 기원전 399년이니 공자의 말년에 태어난 셈이다. 석가모니의 생몰연대는 기원전 554년에서 기원전 486년까지로서 공자보다도 3년 앞선다. 세 성인의 생몰연대가 서로 앞서거니 뒤서거니 얽혀 있으니, 동서 소통이 그리 쉽지 않은 시기에 일어난 관계로 이처럼 밀착된 관계를 일러 치축시대라 이른다. 예수만은 그후 400, 500년이 지나서야 태어났지만, 그 공적의 위대함에 비추어서 4성의 대열에 끼게 되었다.

그러나 이야기가 여기서 끝난다면 차축시대의 이야기로서 별반 흥미를 돋울 만한 것이 못 된다. 한 가지 재미나는 사실은 동에서 난 공자와 석가의 사유양식이 같고, 서에서 난 소크라테스와 예수의 사유양식이 같다는 사실이다.

다시 더 부연할 것까지도 없이 불가(佛家)의 불이(不二)사상과 공자의 서(恕)사상의 묘리는 이미 보아온 바와 같거니와, 기독교의 이원론적 배타사상과 그리스사상의 이원론적 구조도 하나의 상식에 속한다. 그 가운데서도 그리스에서 발생한 변증법적 구조는 작용과 반작용의 영원한 이원구조적 반복으로서 동양사상으로서의 묘합의 흔적은 찾아볼 길이 없다.

이로써 인류문화는 차축시대로부터 숙명적으로 이원론과 묘합의 원리에 의하여 동서로 갈라져 있음을 알 수가 있다.

그로부터 2천 수백년이 지난 오늘에도 과학사상의 탈을 쓴 서구문명이 물밀듯 세계를 석권하면서 동방에까지 침입하여 '신토불이'의 섭리를 파괴하려 하고 있다.

하늘도 스스로 돕는 자를 돕는다 하였으니 우리들은 지금이야말로 정신을 바짝 차려야 할 시대에 직면하고 있음을 깨달아야 할 것이다.

2. 묘합원리(妙合原理)의 창조적 발전

그리스사상을 뼈대로 하여 발달한 이원론적 유럽사상
과, 상대적 위치에서 생성 발전한 것으로 보이는 동양의
묘합의 원리는, 앞서 지적한 바 있듯이 철학·종교·윤리
등 각 분야에 걸쳐 색다른 모습을 드러내고 있다.

철학적으로는 음양설을 빼놓을 수가 없다. 음과 양은
태극에서는 양극적인 존재이면서도 이원론적으로 갈라져
서 등을 맞대고 있는 것이 아니라, 두 손을 서로 맞잡은
어린애들처럼 서로 끌어당기는 힘을 가지고 있다. 음은
양을 끌어당기는 힘을 가졌고, 양은 음을 끌어당기는 힘
을 가졌기 때문이다. 그러므로 작용과 반작용이 서로 팽
팽하게 조화를 이룸으로써 음과 양은 하나가 되어 태극현
상으로 존립하게 마련이다. 이러한 현상을 음양의 태일지
형(太一之形)이라 이르기도 한다. 이것이야말로 둘이면서
하나(二而一)의 묘합된 모습이 아닐 수 없다.

음양의 태일지형은 인간과 인간과의 관계, 곧 인간의
윤리적 관계에서도 고스란히 나타난다. 먼저 부자의 관계

에서 살펴보자. 부자관계는 낳고 낳아준 혈연관계이므로 평생토록 끊을 수 없는 천륜(天倫)임에도 불구하고 서유럽적인 핵가족제도의 도입으로 말미암아 아버지와 아들 사이의 인연이 멀어만 가고 있다. 다시 맺을 길은 없을까. 다시금 아버지는 인자하고 아들은 효도한다는 부자자효(父慈子孝)의 정으로 팽팽하게 얽힌 부자유친(父子有親)의 관계로 돌아가야만 한다. 다시 말하면 떨어질 수 없는, 둘이면서 하나인(二而一的) 묘합의 부자관계를 되찾는 길밖에는 딴 방도가 없다.

오늘날의 남녀 부부관계를 보자. 개인주의적 서구사조가 들어온 후로 왜 이혼율은 해마다. 높아만 가는 것일까. 그것은 부부 사이의 묘합의 원리에 따른 일심동체(一心同體)라는 동양적 사고양식은 사라지고, 동상이몽(同床異夢)의 개인주의적 사고가 두 남녀의 사이를 갈라놓고 있기 때문이다. 이렇듯 이원론적 사고양식—개인주의적 사고양식—은 부자의 윤리와 마찬가지로 부부의 윤리도 갈라놓고 만 것이다.

사람이란 결코 혼자서는 살 수 없다. 원앙도 짝이 있고 벌떼들도 여왕벌과 더불어 살고 있다. 개인주의란 이원론적 사고의 부산물에 지나지 않는다. 그러기에 인간은 윤리적 존재요 동시에 사회적 동물이기도 한 것이다.

역(易)의 음양설에서도 음만 있는 독음(獨陰)이나 양만 있는 독양(獨陽)은 허락하지 않는다. 왜냐하면 음과 양은 언제나 더불어 존재해야 하기 때문이다. 이러한 현상은 변증법의 정(正)·반(反)·합(合)에서도 나타나지만 그들의 존재양상은 음양의 존재양상과는 크게 다름을 어찌하랴! 음양은 태일지형(太一之形)의 조화를 이루고 있지만 변증법의 정·반은 이원론적 상반관계에서 끝내 벗어나지 못하고 있다.

인간은 언제나 더불어 존재한다. 윤리적으로는 사람—부모·형제·붕우·부부—과 더불어 존재하고, 종교적으로는 신(하늘)과 더불어 존재하고, 철학적으로는 자연(우주)과 더불어 존재하고 있다. '신토불이'는 자연과 더불어 존재하는 우주적 섭리인 것이다. 그러므로 인간을 소우주라 이르기도 하지 않던가.

신화(神話)란 한 민족의 마음의 고향이다. 그러므로 신화를 읽으면 그 민족의 마음을 알 수 있다.

그리스신화는 피로 얼룩진 살벌한 신화요, 중국의 삼황오제신화는 상극원리(相剋原理)에 따른 정치적 찬탈의 반복이다. 그러나 우리의 단군설화만큼은 완벽하리만큼 커다란 조화를 이루고 있다.

환인과 환웅의 부자관계를 보라.

태초에 환인의 서자 환웅이란 이가 있어 자주 천하를 차지할 뜻을 품었다. 그리하여 사람 사는 세상을 탐내었다. 아버지는 아들의 뜻을 알아차리고 삼위태백을 내려다본즉

    홍익인간 함즉 하였다. 천부인 세 개를 환웅에게 주어 나아
가 다스리게 하였다

는 대목에서 둘이면서 하나인(二而一的) 묘합의 원리로 친
밀하게 묶인 부자관계를 엿볼 수 있다. 아름다운 부자 사
이의 정겨운 장면이다.

    환웅은 무리 3,000명을 거느리고 태백산 마루턱 신단수
밑에 있는 신시에 내려오니 이를 환웅천왕이라 이른다. 풍
백·우사·운사를 거느리고 곡식·수명·질병·형벌·선악
등 인간사 360여 가지를 주관하여 세상을 고르게 다스렸다

는 대목에서 긴밀한 군신관계를 엿볼 수가 있다.

    웅녀는 혼인해서 같이 살 사람이 없으므로 날마다 단수
밑에서 아기 갖기를 축원하였다. 환웅이 잠시 거짓 변하여
그와 혼인했더니 이내 잉태해서 아들을 낳았다. 그 아기의
이름을 단군왕검이라 하였다

는 대목에서 친애하는 부부관계를 엿볼 수 있다(《삼국유
사》 고조선조).
    여기에 나타난 부자·군신·부부의 삼강이야말로 조국
강산에서 배태된 한민족사상의 현묘한 기틀이라 이르지
않을 수 없다.

이러한 설화를 배경으로 깔고 있기 때문에 화랑의 풍류도(風流道)가 형성될 수 있었다.

　　……그런 까닭에 김대문(金大問)의 《화랑세기》(花郎世紀)에 이르기를 현좌충신(賢佐忠臣)이 이로부터 솟아나고 양장용졸(良將勇卒)이 이로 말미암아 나왔다 하였고, 최치원(崔致遠)의 〈난랑비서〉(鸞郎碑序)에는 우리나라에 현묘한 도가 있으니 이를 풍류라 이른다. 그 교(敎)의 기원은 선사(仙史)에 자세히 실려 있거니와 실로 이는 삼교(三敎)를 포함하여 중생을 교화한다. 그리하여 집안에 들어오면 효도하고 나가면 나라에 충성함은 노나라의 사관벼슬을 하던 공자의 주지(主旨) 그대로요, 또 그 함이 없는 일에 처하고 말 없는 교(敎)를 행하는 것은 주(周)나라 주사(柱史) 노자의 종지(宗旨) 그대로요, 모든 악한 일은 하지 않고 착한 일만을 행함은 축건 태자 석가의 교화 그대로다

(《삼국사기》 진흥왕조)

라 하여 유·불·도 3교가 회삼귀일(會三歸一)하여 풍류도에 묘합되어 있는 모습을 보이고 있다.

　현명한 인물(賢佐忠臣)과 용감한 장병(良將勇卒)이 다 함께 화랑도에서 배출된 것을 보면, 화랑도야말로 문무를 겸전한(二而一) 도임을 알 수가 있다. 유·불·도 3교는 비록 외래종교라 하더라도 서로 싸우지 않고 고스란히 풍류도 안에 융화되어 있음을 알 수 있다. 실로 묘합원리의 지

극함을 여기서 볼 수가 있다.

언필칭 화랑도의 교육은 영육일치를 신조로 했다고 한다. 달리 말하자면 정신〔靈〕과 육체〔肉〕의 묘합을 의미한다고나 할까. 그러기에 속된 표현일지 모르지만 화랑도들 가운데에는 얼〔靈〕 빠진 사람〔肉〕도 없으려니와 넋〔靈〕 달아난 사람〔肉〕도 없었을 것이다.

만일 우리들의 육체적 생명체에서 정신을 빼내가버린다면 실체는 하나의 고깃덩어리에 지나지 않을 뿐 아니라 고깃덩어리 그 자체의 존립마저도 불가능하게 된다. 그러므로 고깃덩어리(肉塊)로서의 신체가 제대로 존립하려면 정신적 기능이 그 안에서 활성화되어야 한다. 그러므로 다산 정약용은 그의 저서에서 우리들의 생명이 신(神 ; 정신)과 형(形 ; 육체)의 묘합으로 이루어져 있음을 이야기해 놓았던 것이다.

그러나 이원론적 세계관에 익숙한 유물론적 공산주의자들은 유심론적 철학을 배제하고 있으며, 유심론적 기독교는 유물론적 공산주의를 전적으로 배제하고 있다. 유심(唯心)과 유물(唯物)은 영원히 하나가 될 수 없는 이원론적 사유양식의 소산이기 때문이다.

우리들은 얼빠졌거나 넋나간 사람이 되지 말자. '신토불이'의 섭리는 빠진 얼을 다시 찾아내고 달아난 넋을 되돌아오게 하는 묘합의 원리라 이를 수 있다.

3. 땅 속에 뿌리 박는 생명체

자, 이제 차분하게 생각을 가다듬어볼 때가 되었다. 그
동안의 긴 이야기도 이제 막바지에 이르지 않았나 싶다.

결국 '신토불이'를 한마디로 말하라 한다면 생명(身)의
자연환경(土)에 대한 적응(不二)이라 할 수 있다. 그렇게
말해버리면 그만인 것을 또 무슨 할 말이 남아 있단 말인
가. 그러나 금은보옥도 갈고 닦으면 새롭게 빛이 나는 것
처럼, 이제 다시금 생명과 자연과 그것이 '하나'가 되어야
하는 '한사상' 이야기를 정리해보도록 하자.

먼저 생명을 놓고 생각해보자. 아주 원초적인 생명관을
갖추려고 해보면 누구나 원생생물이 머리에 떠오를 것이
다. 생명의 진화론적 시원이 되기 때문이다.

그러나 우리의 생명은 그러한 시원적인 것이 아니라 어
머니 뱃속에서 태어난 한 인간으로서 결과론적으로는 하
나의 독립된 개체인 것이다. 조물주의 뜻을 받들어 이야
기한다면 태초에 흙으로 인간의 형상을 만든 후 생명의
숨결을 불어넣은 것이라 해야 실감이 난다. 갓난아이도

울음보를 터뜨려야 숨통이 트이지 않던가. 분명히 한 생명은 숨결과 함께 태어난다고 할 수 있다.

그러나 한 생명체는 결코 대기의 호흡만으로 그 생명력을 지탱하지 못한다는 사실도 우리는 잘 알고 있다. 호흡과 더불어 심장의 맥박이 뛰어야 한다. 심장의 맥박이 뛰자면 피가 온몸을 감싸고 흘러야 한다. 모든 생물이 생명의 원천인 심장의 피를 만들기 위하여 먹이(食物)을 섭취해야 하는 까닭이 여기에 있다.

그러면 생물의 영양을 보급해주는 식물은 어디서 그 영양을 얻게 되는 것일까. 산천초목은 땅에 뿌리를 내리고 영양을 빨아올리지만 동물은 먹이를 찾아 산과 들을 쫓아다닌다. 사람도 동물인지라 먹이를 찾아 여기저기 찾아다니었으리라는 것은 상상하고도 남음이 있다.

이렇듯 먹이를 찾아 이리저리 이동하는 사이에 인간의 지혜는 새로운 환경에 대한 적응력을 높여갔다. 동물들은 거의 육식동물과 채식동물로 나누어졌지만 인간은 동식물을 주·부식으로 혼용하기에 이르렀다. 치아의 발달에서 이를 알 수 있다는 것은 앞에서 지적한 대로다.

모든 생물들이 스스로의 생명을 보존하기 위하여 각자 나름대로 특이한 형태를 갖추기에 이르렀듯이—범은 이빨을, 소는 뿔을, 솔개는 발톱을—인간은 만물 가운데 유일하게도 직립(直立)하면서 인간으로서 독특한 오장육부를 갖추게 되었다.

　이렇게 해서 인간의 생물학적 생명은 오늘에 이르렀다. 원생생물에서 여기까지 이르는 데 자그마치 35억년이 걸렸다고 하니 놀랄 따름이다.

　그러나 인간의 생명이 다른 동식물들과 같이 생물학적 생명에 그치지 않고 하나의 영적(靈的) 생명체로 승화한 사실을 잊어서는 안될 것이다. 다시 말하면 우리들은 인간의 육체 안에는 영혼이 깃들어 있는 것을 믿지 않을 수 없음을 의미한다.

　여기서 우리들의 생명을 한낱 생물학적 기능(심장과 위장의 기능)으로 이해하던 독자들은 어리둥절할는지 모른다. 속되게 표현하자면 눈도 코도 없고 손으로 잡자 해도 잡힐 리 없고 소리를 질러보았자 대답도 없는 영혼을 들먹이니 말이다.

　그렇다면 바꾸어서 생각해보자. 인간에게는 동물과는 달리 희로애락(喜怒哀樂)의 감성뿐만이 아니라 인의예지(仁義禮智)를 갖춘 윤리의식이 있다. 이들을 한낱 뇌신경 세포의 기능으로 돌릴 수는 없다.

　영혼이라는 어려운 말을 쓰는 것보다는 좀더 쉬운 말로는 마음(心)이라는 말로 바꾸어도 좋지 않을까.

　어쨌든 사람은 영육일체(靈肉一體) 아니면 심신일여(心身一如)의 생명체로 태어났다고 할 수 있다. 그러므로 앞의 것을 생물학적 생명이라 한다면, 뒤의 것은 심성론적(心性論的) 생명이라 이를 수 있을 것이다.

또 인간은 다른 생물과는 달리 문화적 생명을 간직하고 있는 것으로 간주되는 면도 간과해서는 안될 것이다. 여기서 문화적이라 함은 철학·종교·윤리·예술 등을 총체적으로 종합한 개념이다. 인간은 각자 독자적인 문화의 역사적 전통 속에서 생존하고 있는 것이다. 생물학적 생명이 자연환경에 적응하듯 문화적 생명은 독자적 전통문화에 적응하지 않으면 안된다는 점에서, 생물학적 생명과 그 궤를 같이 하고 있다.

여기서 우리는 '신토불이'의 '신'을 생물학적 육체로서뿐만이 아니라 심성론적 신체(身體), 나아가서는 문화사적 전통을 간직한 한 인간으로 이해하지 않으면 안된다는 것을 깨닫게 되었다.

다음으로 대지(자연환경)로서의 '토'의 개념을 가다듬어 보도록 하자. 좁은 의미로 쓰이는 토는 땅·물·불·바람〔地水火風〕 또는 하늘·땅·물·불〔天地水火〕에서 보는 바와 같이 우주 4대원소 가운데 하나로서의 '토', 곧 이 지구를 가리키는 것이다. 그러나 넓은 의미로서는 생명활동의 총체적 배경을 이루고 있는 4대원소를 몽땅 합하여 이를 하나로 묶어서 '토'라 해야 할는지 모른다.

그러면 여기서 다시 한번 자연환경으로서의 '토'의 개념을 정리해보자. 자연이란 인위적(인공적) 손때가 묻지 않은 상태를 가리킨 말이다. 그러나 한 생명이 태어나기 위해서 자연은 꽤 까다로운 환경조건을 갖추어야 한다. 대기의 온습(溫濕)은 물론이거니와 태양열의 강약(強弱)도 한몫 했을 것임에 틀림이 없다.

예컨대 태초에 한 생명이 바닷물 속에서 태어날 무렵만 하더라도 바닷물의 온도는 물론이거니와 바닷물이 짜고 떫은(구성성분 때문에) 것도 한몫 거들었을 것임에 틀림이 없었을 것이다.

이밖에도 많은 조건들이 갖추어짐으로써 지구에는 이른바 수많은(어쩌면 백 수십만 종) 생물들이 오손도손 약속이나 한 듯이 병육(並育)하면서 이른바 생태계(生態界)—생물권(生物圈)—라는 것을 만들었던 것이다. 그야말로 지극히 자연스런 만물공동체제였던 것이다. 실로 정겹도록 아름다운 만물의 낙원이 아닐 수 없다.

이러한 자연 생물권을 배경으로 하여 인간은 뛰어난 선두주자가 되어 이에 군림하게 된 셈이다. 그러므로 '토'로서의 자연환경이란 땅·물·불·바람의 상호작용에 의하여 자연스럽게 조성된 모든 조건들의 총체로 간주하지 않을 수 없다.

'토'에 대한 논조가 여기에 이르자 문득 하나의 거대한 생명체로서의 지구(그 이름을 가이아라고 한다)의 이야기를 빼놓을 수가 없다.

지금까지 대지로서의 지구에 대한 우리들의 이해는 물리학적이거나 아니면 화학적 접근이 고작이었던 것이 사실이다. 이를 하나의 생명체로 본다는 것은 꿈에도 생각할 수 없는 문제이기 때문이다.

윤리적이요 관념적인 입장에서 우리 동양에서는 천지를 부모로 인격화한 적은 있다. "천지는 곧 만물의 부모다"(天地者萬物之父母也)라 하여, 땅[地]을 곧 모든 생명의 생산모(生產母)로 간주한 것이다.

나아가서 "아버지는 나를 낳아주시고"(父兮生我), "어머니는 나를 길러주시다"(母兮育我) 함에 이르러서, 대지는 어머니로서의 그녀가 아닐 수 없다.

이러한 상념(想念)은 그리스신화에도 있었으니, 이름은 '가이아'라 하는데, 그녀는 대지(지구)의 생물을 어머니처럼 항상 보살펴주는 자비로운 신으로 묘사되어 있다(J. F. 러브록, 《가이아》 참조).

대지, 곧 지구를 하나의 생명체로 보는 입장은 하나의 가설이기는 하지만, 또 거기에는 그럴 만한 이유가 없지도 않다.

첫째, 가장 중요한 가이아의 속성은 모든 지상의 생물들에게 적합하도록 주변환경 조건을 끊임없이 변화시킨다는 점이다.

만약 우리 인간들이 이러한 가이아의 역할에 대하여 심각할 정도의 간섭만 하지 않는다면 과거 인류가 지상에 도래하기 이전과 마찬가지로 현재에도 그 속성에는 변함이 없을 것이다.

그럼에도 불구하고 이러한 가이아의 모성애에 대하여

심각할 정도의 간섭을 하지 않는다고 자부할 수 있을까. 인류사회에서 날로 높아가기만 하는 공해의 심각성은 곧 가이아의 역할에 대한 간섭이라 이르지 않을 수 없다.

둘째, 가이아는 생물조직체와 마찬가지로 인간의 오장육부에 해당하는 핵심 기관을 가지며, 인간의 팔다리와 같이 유용하게 이용할 수 있는 부수적 기관을 갖는다.

이는 마치 기독교의 창조신화에서 신이 스스로의 모습으로 인간을 태어나게 한 설화를 읽는 것 같다. 그러므로 가이아가 인간의 오장육부를 가지고 있는 것이 아니라 거꾸로 인간이 가이아의 오장육부를 물려받은 것은 아닐까.

어쨌든 우리의 오장육부가 건강하게 움직인다면 가이아의 오장육부도 질서정연하게 움직일 것이요, 우리의 오장육부가 흐트러진다면 가이아의 오장육부도 혼란을 가져올 것이다.

한 가지 분명한 사실은 가이아는 비록 대지라는 생명체의 여성(모성)으로서의 이름이지만, 그녀의 정체는 대지뿐만이 아니라 대기권과도 일체를 이룬 땅·물·불·바람〔地水火風 또는 天地水火〕의 총체라 이르지 않을 수 없다. 그러므로 우리는 또다시 '신토불이'의 '토'를 여기서 재확인해야 할 것이다.

그렇다면 문화적 총체로서의 '신'(身)과 가이아(대지의 이름)로서의 '토'(土)와의 관계는 어떠한가.

그것은 서로 둘인 것 같지만 결코 둘이 아니라 '하나'로 파악되어야 한다는 것이 우리의 입장이다. 불이(不二)를 둘이면서 하나(二而一)라 하는 까닭이 여기에 있다.

우리는 불이(不二)를 둘이면서 하나(二而一)라 하지만, 이는 우리말로는 '한'이라 이른다. '한'은 '하나'의 약칭이지만 이 '하나'는 하나 둘 하는 서수(序數)의 '하나'가 아니라, '한' 속에 '둘'을 간직하고 있는 '하나'로서의 '한'인 것이다.

'한'은 지극히 작은 것—모든 수의 시작이기 때문에—이지만, 알고 보면 지극히 큰 것—천하만물을 그 안에 간직하면서도 하나도 빠뜨림이 없기 때문에—이다. 그러한 논법으로 따진다면 '한'이란 지극히 적은 듯하지만 지극히 많은 것이라 이를 수도 있다.

'불이'의 존재양상은 '둘이면서도 하나'인 모습으로 존재하기 때문에 이를 양자묘합(兩者妙合) 또는 태일지형(太一之形)이라 이르기도 한다. 그러므로 이러한 묘합의 태일지형은 논리적 경지를 초월한 직관적 장(場)을 이루고 있다.

그리고 보면 '신토불이'의 섭리는 논리적 이해보다는 직관적 파악이 필요한 묘리라 이를 수밖에 없다. 그러한 의미에서 나는 '신토불이'의 섭리를 이땅(국토로서의 대지) 위에 심은 한 그루의 무궁화로 상징해볼까도 생각해본다. 나는 한국인이다. 그러므로 지금 여기서(한국 국토 안에서) 이 시대를 살고 있는 우리들은 우리의 모국(한반도)에 심어진 한 그루의 무궁화(한국인)가 아닌가 싶기도 하다(한국을 상징하는 나라꽃은 무궁화다. 무궁화는 우리 민족의 강인한 성격을 잘 나타내주고 있으며, 연중 사계절을 끊임없이 피어 그칠 줄을 모른다. 무궁화는 과장 없는 고고한 미와 꾸밈없는 순결한 아름다움을 간직하고 있기 때문에 꽃 가운데 꽃으로 일컬어왔다).

옛말에 신근어토(身根於土)라 하였으니 국토에 뿌리내리지 않고서는 내 생명은 촌각인들 살아남지 못한다는 사실을 깨달아야 할 것이다(自我覺醒).

삶

광제창생(廣濟蒼生)의 길

1. 한국의 자연

우리들은 지금 한 그루의 무궁화로 태어나 이 땅에 뿌리를 내렸다. 여기에는 내 자신의 뜻보다도 자연(하늘)의 뜻이 더욱 짙게 깃들어 있음을 느낄 수밖에 없다.

지금 우리들은 반만년의 역사적 전통과 아름다운 금수강산을 자랑한다. 네 지대 사계절 가운데서도 가장 아름답고 수려한 축복받은 땅에 태어났기 때문이다.

그러나 신토불이의 생명운동은 축복받은 땅을 자랑하는 운동이 아니라 내 자신을 알자는 운동이다. 다시 말하면 자기발견·자아각성의 운동이다. 무엇보다도 내 자신을 먼저 알아야 한다.

나는 중언부언 잡다한 이야기를 늘어놓는 것보다는 차라리 '신토불이'의 선각자 한 분을 소개하는 것으로 이 절의 책임을 면해볼까 한다. 그가 누구냐 하면 조선조 후기 실학의 선구자로서 《택리지》(擇里志)를 지은 이중환(李重煥 ; 1690~1752)이다. 《한국민족문화대백과사전》의 인물편에서 대략을 뽑아보면 다음과 같다.

이중환은……1702년 2월부터 4월까지 네 차례나 형(刑)을 받았고, 이듬해 12월에 섬으로 유배되었다가 그 다음해 10월에 석방되었으나 그해 12월에 사헌부로부터 탄핵을 받아 다시 유배되었다. 그 뒤부터 세상을 떠날 때까지 일정한 거처도 없이 이곳저곳을 떠돌아다니면서 세상의 온갖 풍상을 다 겪으면서 살았다. 전라도와 평안도를 제외한 우리나라 전역을 두루 답사하였는데, 이 과정에서 당시 전국의 인심과 풍속 및 물화의 생산지·집산지 등을 파악할 수 있었던 것이다. 이 방면에 특히 관심을 가지게 된 동기는 관직에서 물러난 사대부들이 살아갈 수 있는 새로운 삶의 터전을 찾아보자는 데 있었다. 그가 가장 좋은 곳을 선정하는 기본관점은 인심이 좋고 산천이 좋을 뿐만 아니라 경제적 교류가 좋은 곳이었는데, 이러한 것을 바탕으로 쓴 저서가 바로 《택리지》(擇里志)이다.……그의 경제관은 인간의 생산활동을 중시하며 결국 인간은 그들 스스로를 위한 생산활동에 의해서 의식을 해결해가지 않으면 안된다는 것을 인식하고 있었다. 그러기 위해서는 지리적 환경을 가장 잘 이용하여야 된다는 것이 그의 기본적인 지론이요 사상이었다. 가장 좋은 지리적 환경이란 땅이 기름진 곳이 제일이고, 배·수레와 사람 및 물자가 모여들어서 필요한 것을 서로 바꿀 수 있는 곳이 그 다음이라는 것이다. 수전의 벼 생산량에 대한 것뿐만 아니라 각 지방의 특수농작물에 대해서도 대단한 관심을 기울였다. 곧 진안의 담배밭, 전주의 생강밭, 임천·한산의 모시밭, 안동·예안의 왕골밭이었는데, 부농들이 이것을 매점해서 이를 보는 자원으로 삼고 있다는 것이다. 또한 상업적 농업을 중시하였는데 상업의 발달은 필연적으로 도시의 발전과 교역의 증대를 가져온다는 것이다. 우리나라의 지리적 환경이 상선의 운용에 가장 좋은 조건을 갖추고 있음에도 불구하고 이것을 최대한으로 이용하지 못하고 가장 불리한 말로써 모든 물화를 운송하고 있음을 조선술의 미발달에 기인한 것으로 보고, 물화의 운반수단에 대해서 개선을 주장하기도 하였다.

아울러 이중환의 주장이 박지원(朴趾源 ; 1737～1805)·박제가(朴齊家 ; 1750～1815) 등의 북학자들에 의하여 받아들여졌음을 기록하고 있다.

왜 이중환을 '신토불이'의 선구자로 추앙해아 하는가.

첫째, 그는 벼슬길의 불운에도 불구하고 좌절하지 않고 국토순례 길에 올랐다는 점을 들 수가 있다. 국토는 스스로의 삶의 터전임을 자각했기 때문이다.

둘째, 자활의 능력과 지역 생산성을 결부하여 국토의 활성화를 꾀했다는 사실을 주목해야 한다.

셋째, 국토의 생산성뿐만이 아니라 각 지역 사이의 유통구조에도 깊은 관심을 기울이고 있었다는 점이다.

총체적으로 따져볼 때 사람의 삶과 국토의 자연환경에 대한 깊은 이해에서 국토를 순례하였고, 그것을 체계화하여 기록으로 남긴 이중환의 정신은 오늘의 우리들에게도 정신적 양식으로 남아 있다고 할 수 있다.

우리나라의 공식적인 지리서로서는 《동국여지승람》(東

國輿地勝覽)을 빼놓을 수가 없다. 조선조 9대왕인 성종 때 노사신(盧思愼) 등이 편찬한 우리나라 지리서로서 각 도의 지리·풍속·전설·누정(樓亭)·사찰·고적 등으로 나누어 졌고, 특히 역대 명사들의 제영(題詠)이 풍부하게 수집되어 있다.

자연을 흔히 산수(山水)라 이른다. 그러한 의미에서 우리나라 산수를 대충 논하자면 그 형국이 반도라는 점일 것이다. 고대 역사가들의 기록과 주장에 따르면 동북아일대의 광활한 지역을 점유했던 것으로 되어 있지만, 어느 때부터 반도 안으로 남하하여 '정착하였는지 명확한 한계는 그어지지 않고 있다. 대체로 삼국통일 이후로 보는 견해가 설득력이 있어 보이기는 하지만, 발해(고구려의 후예)와 더불어 남북조를 이루었다면 신라의 책임만은 아닐 것도 같다. 그러나 고려를 거쳐 조선조로 넘어오면서 점차로 굳어진 반도의 국토는 백두산의 북쪽마저 중국에 넘겨주는 정계비를 세워주지 않을 수 없게 했다.

어쨌든 반도의 산수는 백두산을 기점으로 하여 남쪽으로 그어지지 않을 수 없다. 누가 보아도 장백산맥의 뼈대는 한반도의 척추가 되어 부동의 자세로 버티고 있는 것이다. 그러기에 물은 서남쪽으로 흐를 수밖에 없는 형국을 이루고 있다.

흔히 반도의 형국이 좁다 하여 아쉬워하기도 하지만 만주벌판처럼 횡하게 빈 국토를 지키느라고 고생하느니보다는, 차라리 다소 협소하기는 하지만 오밀조밀 가꾸어나가면서 짭짤하게 다독거리면서 살아가는 것이 더 좋지 않느냐는 반도만족설도 없지 않다. 그러나 이러한 소극적인 국토관은 식민사관에 휘말릴 염려가 있으므로 고지식하게 그대로 받아들이기는 어려우며, 대륙문화와 해양문화를 남북으로 받아들이면서 둘이면서 하나인 이이일적(二而一的) 묘합의 문화를 창조하기 위해서는 오히려 반도의 풍토가 크게 기여했으리라는 견해도 그냥 넘겨버릴 수만은 없다.

반도의 국토가 8도로 나누어지자 짓궂은 한 선비가 8도를 하늘〔天〕·땅〔地〕·사람〔人〕으로 나누어 다음과 같이 평하고 있다.

천 (天)	바람결에 흔들리는 가냘픈 버들가지(風前細柳)—전라도 밝은 달밤에 부는 맑은 바람(淸風明月)—충청도 하늘 높이 솟은 태산준령(泰山高嶽)—경상도	자연
인 (人)	거울 속에 비친 미인의 얼굴(鏡中美人)—경기도 절벽 밑에 앉아 있는 늙은 부처님(岩下老佛)—강원도	인생
지 (地)	밭갈이 하는 한가로운 송아지(圃田耕牛)—황해도 숲속에서 뛰어나온 사나운 호랑이(猛虎出林)—평안도 진흙탕 속에서 싸우는 강아지(泥田鬪狗)—함경도	금수

근세에 이르러 8도 가운데 5도가 남북으로 갈라지고 제

주도(島)가 제주도(道)로 되자, 8도는 14도가 되었고, 남북 분단 후 이북의 도는 더욱 세분되었다니, 이제 8도의 개념은 옛이야기가 되고 말았다.

근자에 이르러 영호남이라는 말이 많은 사람들의 입에 오르내리는데, 영남은 경상도의 별칭이요 호남은 전라도의 별칭으로 이미 굳어버렸다. 그러나 호남의 개념은 모호하여 세 개의 설이 있으니, 첫째는 김제 벽골제(碧骨堤) 이남설이요, 둘째는 제천 의림제(義林堤) 이남설이요, 셋째는 금강(錦江) 이남설이다. 이 모두가 도계(道界)와는 무관하고, 또 호남뿐 아니라 호서가 있으니 그 한계가 모호하며, 조선조 중기에 율곡 이이를 우두머리로 한 기호학파(畿湖學派)가 형성되었으니, 여기서 기호의 지리적 한계는 경기·충청·전라의 삼도를 합한 것이 아닌가 싶다. 이어서 영남도 대관령을 기준으로 하여 그 동쪽을 영동이라 하고 남쪽을 영남이라 했다면, 영남은 꼭 경상도만을 지칭한 것이 아니라 충청도나 강원도 일부지역도 거기에 포함되었을 법도 하지 않는가.

이렇게 반도를 갈가리 찢어놓고 보니 각기 지역에 따라서 자연의 풍취도 다르고 세시풍속도 다양할 것임을 알 수가 있다. 더구나 산악이 전국토의 80퍼센트를 차지하고, 그리 높지 않은 200에서 500미터 높이인 야산이 산악의 90퍼센트를 차지하고 있으니, 거기서 자생하는 옥같이 고운 꽃과 풀이며 백천 가지 산나물과 특이한 약초들이 그

득하게 널려 있을 것을 생각하면 신나는 우리 조국강산이
아닌가.

앞서 이야기한 바 있듯이 압록강과 두만강과 대동강은
북에 있으니 언제 가보게 될지 꿈속에 서려 있지만, 남한
의 한강·금강·영산강·낙동강, 거기에 섬진강까지 끼어
서 조국강토를 굽이굽이 적셔주고 있다. 군데군데 댐을
막아 식수뿐만 아니라 농업용수는 물론 공업용수로 쓰고
있으니 진실로 우리의 젖줄이 아닐 수 없다.

'신토불이'의 섭리는 바로 우리의 젖줄인 조국의 산천을
가꾸자는 생명운동인 까닭이 여기에 있다.

2. 전통의 멋

　지금으로부터 얼추 50년 전, 그러니까 때마침 태평양전쟁이 무르익어가고 있던 무렵에 있었던 이야기다. 필자의 나이는 겨우 30대 안팎밖에 되지 않던 시절이었는지라 새로운 이야기라면 으레 빠짐없이 귀를 곤두세워 놓치지 않으려는 버릇이 있었던 때였다.
　이 글에서(겨울 1절) 이미 밝힌 바 있듯이 일본인 식양(食養)학자 사쿠라자와는 '신토불이'를 일본에서 최초로 주창한 사람이다. 그는 서울에 와서 강연회를 가졌는데, 그때 필자는 때마침 서울에 있었기 때문에 이를 놓치지 않고 들어 오늘의 기연을 맺게 되었다.
　때는 1940년대인지라 일본은 그때 승승장구, 태평양일대를 석권하던 시기였기 때문에 식민지 서울에 와서 정복국가의 국민으로서 우월감도 있었을 법하지만, 그러한 내색은 조금도 없이 감동 어린, 어쩌면 주옥과도 같은 말 한마디를 내뱉었다.

조선의 김치는 신(神)의 작품이다.

당시에 나는 내 귀를 의심하였고, 그때의 그 감동은 반세기의 세월이 흘러 내 나이 이미 팔십 고개를 넘어선 지금까지도 싱싱하게 귓전을 울려오고 있다.

돌이켜보건대 그는 비록 신의 작품이란 표현을 사용하였지만 신이 어디에 있다가 불쑥 나와서 만들어낸 작품이라는 것이 아님은 분명하다. 그것은 바로 슬기로운 우리 겨레의 조상들이 두고두고 지혜를 모아서 만들어낸 작품이기 때문이다.

그렇다면 왜 그는 서울에 첫발을 들여놓자마자 식민지 백성이라고 깔보던 분위기도 아랑곳없이 김치맛에 넋을 잃었을까(일제 때 학교에 다닌 사람 가운데는 김치 때문에 일본인 선생에게 곤욕을 당한 일을 기억하는 사람이 많다. 조선인 한테서는 김치냄새가 나서 가까이 못 가겠다고 불평을 하는 것은 예사이고 아예 도시락 검사로 김치를 빼앗아버리는 교사도 있었다). 그것은 아마 그가 신봉하는 '신토불이'의 섭리를 이 김치맛에서 터득했기 때문이었을 게다. 식양(食養)학자로서의 뛰어난 감각에 감복하지 않을 수 없다. 지금에 와서야 비로소—지금도 늦지는 않지만—김치가 지구 방방곡곡 어디에서든지 한국의 얼굴이 되고 있기 때문이다.

어찌 김치맛뿐이랴. 우리 생활 구석구석에는 선현들의 슬기가 뭉친 전통의 멋(맛)이 여름 하늘의 별빛처럼 현란하게 깔려 있다.

요즈음 항간에서는 전통이라는 말이 여기저기 쓰이고 있다. 전통음식·전통차, 아니면 전통의상·전통가옥·전통음악 등 이루다 셀 수가 없다. 그러나 이들에서 공통된 점이 있다면 아마도 지난날의 옛것으로서 아직 없어지지 않고 지금까지 남아 있는 것 정도로 생각하고 있는 것이 아닌가 하여 서글픈 마음 금할 길이 없다. 왜냐하면 김치에서처럼 모든 전통 속에는 우리 선현들의 지혜가 신이 되어 거기에 듬뿍 서려 있다는 사실을 까맣게 모르고 있기 때문이다.

곰곰이 생각해보면 다양한 종류 속에서도 우리 전통음식에는 공통된 몇 가지 특징이 있다.

첫째, 쓰인 재료가 모두 그들이 살고 있는 집안의 울타리 안이거나 앞뒤로 뻗어 있는 널따란 들판이거나 아니면 뒷산 마루턱에서 또는 아침저녁으로 드나드는 논밭에 가꾸어놓은 것들이라고 할 수 있다. 그러기에 우리의 전통음식은 화려한 궁중요리와 달리 서민들의 밥상머리에서 아직도 그 명맥을 유지하고 있는지도 모른다.

둘째, 인류 생성·발전의 철칙이 되어 있는 채식주의 원칙이 그대로 유지되어오고 있다는 사실을 지적하지 않을 수 없다. 육식주의는 유목민들의 어찌할 수 없는 편식임에도 불구하고 마치 전인류의 공통된 주식인 양 착각되어 현대병의 주범으로 우리들을 괴롭히고 있다.

셋째, 계절감각이 뛰어난 사실을 잊어서는 안될 것이다. 새봄을 맞으면 산나물을 찾게 되고, 가을이면 풋고추로 입맛을 돋우어야 하는 우리들이다. 계절은 실로 우리 전통음식의 보고이다.

넷째로는 모든 재료가 조화되어 감칠맛 나는 하나의 맛을 내고 있다는 점이다. 여기에서도 묘합의 원리가 깊숙히 도사리고 있음을 알 수 있다. 진실로 전통음식의 맛이 멋으로 통하는 까닭이 여기에 있다. 왜냐하면 멋도 맛처럼 묘합의 원리에서 우러나온 감칠맛 바로 그것이기 때문이다.

다음으로는 우리의 전통음악으로서의 농악을 놓고 생각해보자. 많은 국악 가운데서도 농악처럼 우리들의 심금을 울리는 신나는 음악이 또 어디에 있단 말인가.

악기라 했자 꽹과리·징, 그리고 북·장구로서 신명나게 두들기기만 하면 되는 악기들이다. 그러기에 농악을 사물놀이라 이르지 않던가.

악기마다 음계가 따로 없고 그저 두들기는 속도와 강약에 의해서 소리의 변화를 가져오게 하고 있을 따름이요, 그것도 하나가 아니라 넷이나 되는데도 불구하고 용하게도 '하나'가 되어 우리들의 뼛속까지 파고드는 신명나는 소리를 뽑아내주고 있는 것이다. 양자묘합(兩者妙合)의 단계를 훨씬 뛰어넘어 만 가지 소리를 '하나'로 뽑아내는 묘리를 농악에서 신바람으로 느낄 수 있는 것이다.

자연과 더불어 살아온 조상들의 지혜 가운데서 전통가옥을 빼놓을 수 없다. 새마을운동 덕분(?)에 점점 밀려나다가 이제는 겨우 민속촌에서나 찾아볼 수 있는 신세가 되었기에, 실로 시들어가는 그의 말로가 너무도 안타까울 따름이다.

겉으로 보기에 초라하고도 볼품없는 초가집이 헐리고나면 그 자리에는 으레 시멘트벽돌로 쌓은 양옥(?)이 들어서게 마련이다. 주택개량이라는 허울좋은 이름 아래 온 농촌이 탈바꿈한 것이다. 그러나 그것은 알고보면 냉지대의 유목민들의 폐쇄적인 가옥구조(양옥)가 온대지대의 농경민들의 개방적인 가옥구조를 몰아낸 꼴이다.

우리들 농촌에 아직도 남아 있는 전통초가집—부농의 기와집이라고 해서 예외는 아니다—은 삼대 발복(發福)이 아니더라도 남향으로 자리잡고 앉게 마련이다. 춘하추동 사시절의 통풍과 햇볕을 고려해서였다. 게다가 아무리 작은 초가집이라도 거기에는 온돌방 하나 대청마루 하나씩은 꼭 끼어들게 마련이다. 그것은 두말 할 나위도 없이 여름과 겨우살이를 머리에 둔 구조이다.

그럼에도 불구하고 '신토불이'의 섭리를 짓밟는 자—전통가옥을 내쫓는 자—그 누구이던가. 양옥으로 말미암은 통풍과 일조권의 포기는 단 하나밖에 없는 생명권의 포기라는 사실을 명심해야 할 것이다.

말이 났으니 말이지 우리들의 전통의상에 대해서 한마

디 할 말이 있다. 옷이란 알몸으로 태어난 사람에게만 필요한 겉치장이다. 첫째는 수치심을 감추기 위함이요, 둘째는 외기(찬 기운)와의 적응을 위해서요, 셋째는 겉치레의 볼품을 위해서라고 할 수 있다.

요즘 세계적으로 통용되는 남자의 양복은 누가 보아도 냉지대의 폐쇄적 의상이다. 그것은 우리 옷인 훌렁훌렁한 바지저고리와 비교해보면 당장 알 수 있는 일이다.

우리나라 의상은 대체로 볼품보다는 한·냉·온·열의 사계절에 대한 적응에 치중하고 있다. 모시와 무명·솜·명주로 사게절의 옷감을 조절할 따름이다. 털옷이나 가죽옷(냉지대 유목민의 옷감)은 꿈에도 생각한 적이 없는 겉치레일 따름이다. 진정 수수한 옷차림의 멋은 어디로 갔는지 찾아볼 길이 없다.

이상에서 우리 선현들의 삶 속에서 전통적 멋을 찾아보았다. 실로 ‘신토불이’의 섭리도 그 어디에 따로 있는 것이 아니라 의·식·주, 그 속에 감추어져 있음을 알 수 있다. 그러므로 우리는 전통의 멋 속에서 참다운 ‘신토불이’의 섭리를 찾아내도록 노력해야 할 것이다.

3. 토산품의 신비

필자의 고향은 전라도 영광이다. 영광 하면 머리에 떠오르는 것이 있을 법한데, 그게 뭐냐 하면 영광굴비가 아니겠는가. 굴비 하면 영광이요 영광 하면 굴비니 굴비야말로 영광의 특산물이요 토산품인 것이다.

어릴 적 기억으로는 굴비란 잡히는 시절이 따로 있어 해마다 곡우절이 아니면 구경할 수 없었다. 왜냐하면 조기떼는 남쪽 흑산도 근해 깊은 바다 속에 있다가 산란기가 되면 북상하여 곡우절에야 영광 법성포 앞 칠산바다를 지나는데, 그 무렵에 잡힌 조기가 가장 기름지고 알이 차 천하일품이라는 것이다.

그런데 요즈음 와서는 철부지의 영광굴비가 연중 판을 치는 세상이 되고 말았다. 곡우철도 없고 칠산 앞바다도 아랑곳없이 아무 때나 아무 곳에서나 잡아가지고 영광굴비라고 딱지만 붙이면 영광굴비로 둔갑하는 세상이 되어 버렸다.

인삼의 특산지는 자고로 개성을 쳤다. 워낙 다량으로

생산되고 질도 좋기 때문이었다. 그러나 지금은 휴전선으로 막혀 접근조차 불가능하다. 그 이남으로는 전북 금산 곡삼과 경북 풍기곡삼도 특산품으로 손꼽는 정도였다. 그러나 요즈음 국내외 수요가 부쩍 늘자 생산지도 금산·풍기에—개성은 이북 땅이기 때문에—국한되지 않고 아무데서나 조건만 맞으면 재배하고 있다. 이제 인삼재배는 지역성에서 벗어나고 있다. 고려인삼이라고 딱지만 붙이면 되기 때문이다.

두 가지 사례에서 보는 바와 같이 이른바 토산품의 신비성이 점차 희미해지고 있다. 어쨌든 토산품은 그 지역성이 강하게 풍기지 않는 한 토산품으로서의 구실을 다할 수 없다.

옛날 임금을 섬기던 왕조시대에는 이른바 진상(進上)이라는 제도가 있었다. 임금이 먼저 먹은 연후에야 서민들도 맛볼 수 있는 엄한 제도였다.

그러나 진상품을 생산하는 고을에서는 영광된 특전이라고 해야 할는지, 아니면 그로 인하여 서민들에게 말 못할 속앓이가 생기게 되는 것인지 알쏭달쏭한 제도였다. 왜냐하면 진상을 핑계삼아 수령방백들과 아전들의 농락으로 백성들은 주린배를 움켜쥐어가면서도 그 영광(?)을 위하여 무조건 봉사해야 했기 때문이다. 그러나 역설적으로는 지역적 토산품 생산에는 각별한 공적을 남겼다고 이를 수도 있지 않나 싶다.

이것을 토산품의 일반화와 그 특수성의 관계라고 이를 수 있을 것이다. 아무튼 지역의 특수성을 포기하고서는 토산품의 구실을 감당할 수 없는 것이다.

그러므로 토산품으로서의 제1요건은 뭐니뭐니 해도 자연산이라는 점을 들지 않을 수 없다. 인공적 손때가 묻지 않은 순수한 지역성이 거기에 흠뻑 담겨 있어야 한다.

자연산의 채취는 어쩌면 원시적이라 해야 할는지 모른다. 모든 식물은 제자리에 뿌리를 박고 꽃을 피우며 열매를 맺는다. 그리하여 자연산은 토산품의 제1요건을 갖추게 된다. 태초에 인류는 이들의 열매를(에덴동산의 무화과처럼) 즐겨 따먹었고(채식 위주로) 육식이라 했자 사냥으로 얻은 노루나 어로로 얻은 물고기 정도였다. 토산품은 원산지주의를 채택해야 함은 이 때문인 것이다. 그리하여 토산품의 신비성은 거리에 정비례하여 우열이 결정되게 마련이다.

그런 까닭에 인류는 지역에 따라서 그 먹이의 성격이 달라지기 시작하였다. 항상 여름인 열대지방에서는 먹이가 남아도는 반면에, 냉대지방에서는 몰고다니는 양떼를 제외하고는 먹이감을 구하기가 어려웠다.

온대지방에서는 사람은 불어나고 먹이가 딸리자 곡식을 몇 배로 늘려먹는 방법을 알아냈다. 바로 땅을 일구어 곡식을 심는 농경기술이 발달하게 된 것이다. 그 가운데서도 특기할 만한 사건이 바로 벼농사[水稻作]의 개발이다.

우리나라에는 벼농사가 언제 어디로부터 들어왔는지 북방설과 남방설이 양립되어 있기는 하지만 어쨌든 지금에 와서는 기름진 쌀을 주식으로 하여 민족의 생명을 가꾸어 가고 있는 셈이다.

단군 건국 이래 환웅의 360여 가지 일 가운데서 주곡(主穀)·주명(主命)이라 하여 오곡의 관리가 으뜸이요, 우리의 생명을 가꾸는 일이 정사(政事)의 두번째 임무였음을 보더라도 농사가 나라의 기둥이었음을 알 수 있다.

우리나라에서는 쌀만 가지고도 경기미니 호남미니 하여 지역적 우열을 따지는 관습이 있으나 그것은 웃기는 이야기다. 때에 따라서는 중간 쌀장수들의 농간으로 호남미가 경기미로 둔갑하는 예가 비일비재하기 때문이다.

이른바 경작법에 의한 재배농법은 지기(地氣)를 가꾸어 지역적 특산품을 수확한다는 점에서 인공적 자연산이라 할 수 있을 것이다. 지기를 잘 가꾸느냐 잘못 가꾸느냐에 따라서 그 지역적 생산품의 우열이 판별나기 때문이다.

토양은 생산의 제1요건임에도 불구하고 이른바 인간의 끝없는 욕심 때문에 생산성 향상을 위해서 지나치게 지기(토양)를 혹사한다. 퇴비 대신 화학비료를 사용함으로 인하여 땅기운을 과다하게 소모할 뿐 아니라 비닐을 덮어씌워 태양열을 차단함으로써 철부지 농산물을 다량으로 생산 공급한다.

토산품의 제1요건인 지역성을 깰 뿐 아니라 사계절의

리듬을 깸으로써 결국 낙원을 쫓겨난 실낙원의 우화는 옛 이야기가 아니라 지금 우리의 현실이 되고 만 것이다.

이제 철부지 토산품을 먹고 살아야 하는 것쯤이야 그런 대로 견디어보기로 하자. 그러나 논·밭 토양에 만에 하나라도 아직까지 생명이 있다고 한다면, 쏟아붓는 화학비료며 자주 뿌려대는 농약에다가 제초제까지 겹쳐서야 어디 견디어내겠는가. 농약중독은 농토만의 피폐를 가져오는 데 그치지 않고, 우리 농촌을 지켜주며 은혜로운 우리 국토를 가꾸어주는 농민들의 생명마저 노리고 있다는 사실을 아는가 모르는가.

토산품의 신비성을 깨는 또 하나의 복병은 다름 아닌 가공식품의 범람이다. 설령 가공식품의 원료는 자연산 그대로라 하더라도 그것이 소비자의 손으로 들어오기까지에는 남모르는 손질이 여러 번 가해진다. 이른바 공장이라는 요술상자(?) 속에서 가공과정이 어떻게 이루어지는지를 소비자는 알 턱이 없다.

예로부터 인류의 고민 가운데 하나가 이른바 식품의 저장이었다. 곡식과 과일은 종류에 따라서 저장방법도 다양하겠지만 말려서 썩는 것을 방지한다거나 시원한 북쪽 광에 저장하여 냉장고의 구실을 대신하던 것이 고작이었다. 그런데 요즈음은 우리의 생명을 노리는 방부제라는 물질의 사용도 서슴지 않으니 어찌 두렵지 아니한가.

이리하여 자연산을 토대로 한 진상품으로서의 특산품의

신비성은 재배농가의 농약사용으로 말미암아 일차적으로 파괴되더니, 이제 와서는 가공식품으로 하여 마지막 흔적마저 빼앗겨버리고 말았으니 이제 우리는 누구를 믿고 살아야 할 것인가.

그러나 인공식품이 범람하는 틈을 타서 자생하려는 노력도 적잖게 일고 있다. 자연식품 또는 천연식품이 곧 그것이다.

벌꿀이 영양식으로 각광을 받게 되자 나만이 진짜다 하는 식으로 토종꿀이라는 것이 나돌고 있으며, 때로는 제주도 하루방그릇에 담아 토산품임을 과시하기도 한다. 가짜가 위낙 많아서인지 진짜가 설 곳은 비좁기만 한 세상이 되고 말았다.

자연으로 돌아가자. '신토불이'의 섭리야말로 자연을 살리자는 섭리라 이르지 않을 수 없다.

4. 자생력의 회복

땅·물·불·바람〔地水火風〕이 온통 병들어가고 있는 판국에 우리들의 자생력은 어디에 파묻혀 있는 것일까.

우리의 자생력은 우리들의 땅에서 바로 우리들의 손으로 우리들의 자각에 의하여 일구어내지 않으면 안된다.

바나나가 한참 귀할 적에 우리나라 남쪽 따뜻한 제주에서 시험재배하여 거의 성공에 가까운 결과를 얻었지만, 이른바 농산물 수입개방으로 말미암아 바나나가 물꼬 터지듯 밀고들어오자 시험재배했던 국산 바나나는 두 손을 번쩍 들지 않을 수 없게 되었다고 한다. 그 이유는 뻔하다. 제아무리 모양새로는 성공한 듯하지만 원산지의 바나나를 따라잡기에는 너무나 역부족이었던 것이다.

바나나 대신에 우리 풍토에 알맞은 과실을 선택하여 정성스럽게 가꾸었어야 옳았던 것이다. 그렇게 해서 자생력을 길렀어야 하는 것인데…….

남의 것을 가져다가 내 것을 만들려고 억지를 부리지 말고 내 것을 잘 가꾸어 남의 본보기가 되도록 해야 한다.

때는 바야흐로 내우외환(內憂外患)의 절박한 위기가 감돌고 있다.

국토는 황폐해지고 있으며 외래 수입농산물은 거침없이 물밀듯 밀어닥치고 있다. 그러므로 우리의 자생력을 가꾸기 위해서는 적어도 두 가지, 곧 안팎으로 살펴보지 않을 수 없다. 하나는 우리 모두의 손으로 우리 땅을 살려야 하고, 다른 하나는 우리 모두의 힘을 합하여 수입농산물의 진상을 규명해야 할 것이다.

우리 땅(농토)을 살리기 위해서는 '죽음의 농법'을 버리고 본래의 지기(地氣)를 살려야 하는데, 여기에는 많은 어려움이 따른다. '죽음의 농법'이란 농약과 제초제와 화학비료의 사용으로 말미암아 농토가 생명력을 잃게 된 것을 의미한다. 그러나 '죽음의 농법'을 그만두는 것은 말이 쉽지 실행하자면 시행착오를 무릅쓰고 적잖은 고통을 겪어야 한다. 우선 땅의 기를 살리기 위해서는 퇴비를 사용하여 농산물을 가꾸는 유기농법이 그 뒤를 따라야 한다.

1988년 9월 16일자 모일간지는 '무공해농사'라는 제목 아래 다음과 같은 글을 싣고 있다.

화학비료와 농약에 의존하는 근대농업은 흙을 죽이고 농민을 죽이고 돈을 내고 사먹는 사람들도 오래 되면 병이 들어 죽은 거나 다름 없게 만드는, 한마디로 말한다면, '죽음의 농사법'이었다. 이같이 생명을 죽이고 병들게 만드는

> 농약농사의 해독이 그 절정에 달하면서 이제 깨어 있는 농
> 민들 사이에서 유기농법이 조용히, 그렇지만 힘있는 추세
> 로 커져가고 있다.
> 　유기농법이란 곧 금비와 농약을 쓰지 않고 퇴비를 사용
> 해 흙과 작물의 생명력을 북돋워 사람들에게 건강한 먹을
> 거리를 제공하는 것이다. 이게 바로 생명의 농법이다

라는 글은 고무적이다. 이러한 슬기로운 농민들이 살아 있는 한 우리들은 결코 외롭지 않을 것이며, 나라의 앞날도 결코 어둡지 않고 환하게 밝아올 것이다.

다음은 수입개방에 따른 자생력의 위기를 들 수 있다. 농업국가로 수천년의 역사적 전통을 이어오고 있는 우리들에게 오늘의 위기는 유사 이래 전무후무한 일대사건이라 해도 좋을 것이다. 자칫 잘못하면 자멸의 벼랑끝에 설 수 있기 때문이다.

첫째, 너무도 허술한 표현일지 모르지만 수입농산물에 대한 작금의 상황을 보는 대로 느낀 대로 말하라 한다면 마치 앞뒷문을 열어놓고 도적을 맞아들이는 격(腹背受賊)이 아닌가 싶다. 멀리는 미국이요 가까이는 중국이 호시탐탐 우리들의 안방을 노리고 있는 형국이다.

어느 나라이건 외국으로 농산물을 내보내자면 자연히 시간이 걸리고 게다가 상품의 부대가치를 올리기 위해서 색소나 향료 같은 것을 첨가하게 된다. 더욱이 장기간의

수송을 견디어내자면 방부제와 살충제 사용은 필연적이
다. 이러한 유해첨가물을 검출해내자면 검역을 철저하게
하는 수밖에 없음에도 불구하고 우리나라 검역기관의 방
역은 너무도 허술하다.

1989년 6월 26일 소비자문제 시민모임 토론회에서는 다
음과 같이 지적하고 있다.

농수산물 수입개방확대조치 이후 최근 외국농산물의 수
입이 크게 늘고 있으나 수입품의 오염이나 부패·병충해 등
을 점검하는 검역소 등 방역기구의 설비 및 인원이 부족한
데다 예산의 추가배정이 전혀 없어 소비자의 안전이 크게
위협받고 있는 것으로 지적됐다

고 하여 '현재 우리나라의 방역기구로는 수입농수산물로
부터 국민의 안전을 보장할 최소한의 검사도 불가능하다'
는 비관적 결론을 내리고 있다.

이러한 간접적 살인행위의 무방비상태에 수출국가들의
양심은 마비될 대로 마비되어 거의 무감각한 상태다. 그
럼에도 불구하고 우리나라에서는 외국산에 대하여 지나치
게 관대하거나 아니면 공해가 그리 심하지는 않을 거라고
과신하고 있다. 그 틈을 타고 외국의 비양심적 수출업자
들은 유해한 첨가물을 조절해가면서 넣어 우리 시장을 파
고든다는 것이다.

이러한 무방비상태에서 살아남기 위해서는 일차적으로 외국산 수입농수산물의 검역을 철저히 해야 하겠지만 결코 그것으로 끝났다고 생각할 수는 없다. 생산농가와 소비자가 한덩어리가 되어 우리농산물소비운동에 연대하고 동참하는 길밖에 별다른 길은 없지 않나 싶다.

상식적인 느낌(판단)이기는 하지만 비록 외국 수입물에 대한 검열이 엄하다 하더라도, 방부제나 살충제 첨가양을 줄일 수는 있겠지만, 전면적으로 사용금지하게 할 수는 없지 않나 싶다.

우리가 자주 접하는 말 가운데 애매모호한 것의 하나가 '저공해'라는 단어다. 그것은 전면적인 무방비 상태의 공해보다는 나은 것이겠지만, 공해의 일부는 인정하고 들어가는 개념이라는 점에 아쉬움을 금할 길이 없다.

공해추방은 그러한 미지근한 것보다는 다소 고통이 수반된다 하더라도 애당초 철저하게 하는 것이 옳다는 점에서 수입농산물의 검역에서도 철저를 기해야 한다는 입장을 취하고자 한다. 반은 인정할 수 있고 반은 인정할 수 없다고 한다면—저공해처럼 검역의 방부제 사용을 일부는 인정하는 꼴이 된다—생명도 반은 인정하고 반만 죽일 수 있다는 말인가.

여기까지 이야기를 이끌어오고 보니 자칫하다가는 괴변으로 흐를 염려가 없지 않으므로 다시금 제 자세로 가누어보자.

이제 마지막 한 절을 남겨놓고 이 절의 매듭을 지어보자면, 자생력 회복이란 곧 우리들 생명의 어머니인 땅을 살리고 나아가서는 밖에서 쳐들어오는 수입농수산물로부터 자신을 보호해야 하는 생명운동과 맥을 통하는 것으로서 이해하지 않을 수 없다. 그런 의미에서 '신토불이'의 섭리도 생명운동의 맥락에서 이해하지 않으면 안된다.

그러므로 '신토불이'의 섭리를 한마디로 요약한다면 생명의 환경학이라 이를 수 있다. 따라서 생명이란 과일처럼 한 개로 뭉쳐 있는 것이 아니라, 봄·여름·가을·겨울의 변화처럼 새로운 환경, 곧 변화하는 환경에 적응하면서 생(生)·장(長)·염(斂)·장(藏)을 거듭하고 있는, 삶 그 자체인 것이다.

하늘도 자신의 모습을 행동으로 보여준다. 그러므로 공자는 《논어》 양화(陽貨)편에서 이르기를 "하늘이 무엇을 말하더냐! 사시(四時)는 오고 가고, 만물은 거기서 자라는데 하늘이 무엇을 말하더냐"고 하였다. 하늘을 생명으로 바꾼다면 "생명이 무엇을 말하더냐! 생·노·병·사는 오고 가며 생(生)·장(長)·수(收)·장(藏)을 거듭하는데 생명이 무엇을 말하더냐"가 될 것이다. 그러므로 생·노·병·사와 생·장·수·장이 바로 생명의 모습이라고 할 수 있다.

그러므로 생명환경학의 입장에서 생각해본다면 환경 자체가 곧 생명 자체요, 생명은 곧 환경의 다른 표현이 아닐 수 없다.

좀더 직설적으로 말하라 한다면 토양 파괴는 곧바로 생명 파괴요, 대기의 정화(淨化)는 곧바로 생명력의 정화이다. 그러므로 우리의 자생력 회복은 곧 환경(地水火風 ; 땅·물·불·바람)의 정화에서 비롯한다고 할 수 있다.

'신토불이'의 섭리는 그것이 곧바로 생명력 회복의 원천(원동력)인 까닭이 여기에 있다.

맺는 글
―나라사랑의 길

　이제 막상 마지막 절을 쓰려고 하면서 잠시 돌아다본즉 한 가닥 홀가분한 생각이 들면서도 못다한 말이 남아 있는 것 같아 찜찜한 구석도 없지 않다. 그러나 말이란 다 하는 것만이 맛이 아니라 좀 모자란 듯 남겨두는 것도 좋지 않을까 생각해본다.

　본래 이 글을 쓰려고 계획했을 때 대충 차례의 골격만 잡아놓고 500, 600장 한도로 써내려갔는데, 이제 끝내놓고 본즉, 논문도 아니고 산문도 아니고 그렇다고 해서 소설은 더구나 아닌 글이 되고 말았다. 이런 글을 가지고 '신토불이'의 뜻을 알아차렸다면 그것은 아마도 필자의 글재주가 아니라 독자들의 뛰어난 이해력 때문이라고 지레 발뺌이나 해둘 수밖에 없다.

　그러나 때에 따라서는 논리정연하게 짜인 완벽한 글보다도 실수인 듯하면서도 서투른 듯한 글이 오히려 독자들에게는 감칠맛이 있는 글일 수도 있다. 굳이 이 글을 따진

우리땅
身土不二

다면 이런 경우에 해당할 거라고 해두고도 싶다.

절이 바뀔 때마다 앞뒤가 맞지 않는 꼬투리를 내세워놓고 횡설수설한 것도 없지 않기 때문에 아마 갈피를 잡지 못한 독자도 없지 않았으리라 여겨지기는 하지만, 글이란 말을 옮긴 것이요, 말이란 뜻을 나타낸 것이니, 그 글이 비록 시끌덤벙하더라도 그 뒤에 숨어 있는 뜻이 무엇인가를 수고스럽지만 한번 더 챙겨주었으면 한다.

본시 '신토불이'라는 단어가 세상에 나돌기 시작한 무렵부터 사실상 그 뜻이 애매모호하여 그 해석이 각인각색 천태만상이었다. 나 역시 그런 상황의 틈에 끼어 이 글을 쓰게 되었으니 어찌 다 모든 사람의 입맛에 맞을 수 있었을 것인가. 대충 끝까지 읽어준 것만도 고마울 따름이지 더 할 말이 어디 있겠는가.

이 글을 시작하는 '들어가는 말'에서 진시황의 불로초와 세종대왕의 향약에 관하여 이야기한 것이 바로 전 같이 새롭다. 진시황이 불로초를 구하기 위하여 떠나보낸 서복은 물론 아직도 돌아오지 않고 있다. 그도 그럴 것이 당시에 서복은 뱃길을 잘못 잡은 탓인지 일본으로 건너갔던 것이다. 강항(姜沆)의 《간양록》(看羊錄)에는 다음과 같은 명 태조의 시가 실려 있다.

> 웅야산 높은 봉 밑 제사받는 사당일네
> 솔뿌리에 얽힌 호박 덩이덩이 있으련만

한 번 간 서복의 배는
돌아올 줄 몰라라.
(熊野峰高血食祠 松根琥珀亦應肥
　昔時徐福浮舟去 直至于今猶未歸)

이 시에 따르면 1300년대의 명나라 태조까지 불로초를 구하기 위하여 떠난 서복을 기다렸다니 끈질긴 불로장생의 욕망이여! 일본의 기록에 따르면 와카야마현(和歌山縣) 진구시(神宮市)에는 서복사(徐福祠)라는 사당이 전해오고 있다고 한다.

1980년대 후반으로 접어들면서 우리나라에는 진풍경이 하나 벌어졌다. 서울 덕수궁 단장을 끼고 돌면서 중국교포들의 때 아닌 불로초(?) 장터가 벌어진 것이다. 우황청심환은 우리도 잘 아는 약이라 더 할 말이 없지만, 듣지도 보지도 못한 강장제와 불로장생약들이 장터를 이루고 있으니, 이 약들이 진시황이 먹다 남긴 것인지 명 태조가 버린 것들인지. 10억이 넘는 그들은 먹지 않고 왜 우리들보고만 먹으라는 것인가.

이처럼 가난한 교포들의 약바구니 속에서 시끌덤벙한 불로장생약이라면 동남동녀 3,000명을 이끌고 먼 뱃길을 떠나 보낼 것까지도 없지 않았을까!

사실상 따지고보면 불로초가 그처럼 돈 몇 푼—아무리 비싸더라도 그것이 몇 푼밖에 더 될까—으로 살 수 있는 거라면 천하에 불로장생 못할 위인이 어디에 있겠는가.

산과 들에 질번질번하게 널려 있는 약초(향약)들이라 하
더라도 그것들을 적시에 맞추어 손수 캐다가 다듬고 말려
서 알맞은 병증을 짚어서 달여먹어야만 약효가 나는 줄을
모르고, 황해를 건너온 교포들의 보따리 속을 뒤져서 구
하려고만 하니…….

내가 이 글의 마지막에서 이처럼 긴 이야기를 하는 데
는 그만한 이유가 있다. 그것은 다름 아니라 세종대왕의
향약정신을 오늘에 되살릴 길이 없나 해서이다. 세종대왕
의 향약정신을 그의 지시로 편찬한 《향약집성방》(鄕藥集成
方) 가운데서 몇 줄 간추려보면 다음과 같다.

대체로 백리만 되어도 풍속이 같지 않고 천리만 되어도
풍속이 다르니 초목도 다 그가 마땅하다 여기는 곳에서 살
고 사람들이 즐기는 음식도 습관대로 하게 마련이다. 이것
이야말로 옛 성인이 백초의 맛을 보아 사방의 성(性)에 순
응하였다는 것이다

에서 산야에 깔린 약초들은 다 각기 지방적 특성을 갖추
고 있다는 사실을 주목하지 않을 수 없다.

본래 우리나라는 하늘이 하나의 외딴 구역을 마련해 대
동산해(大東山海)를 점거하게 했고, 보화를 간직하였을 뿐
아니라, 약재(藥材) 될 만한 초목이 생산되어 민생을 양육
하고 백성들의 질병을 치료할 만한 것 치고 구비되지 않은

것이라고는 하나도 없었다

고 한 것에서 향약정신이 넘쳐흐르고 있음을 알 수 있다.

세종대왕의 향약정신을 오늘에 되살린다면 우리나라 삼천리강산이 온통 봉래산이 되어 방방곡곡에서 불로초가 쏟아져나올 것임이 분명하다.

지난날 서복은 뱃길이 어긋나 우리나라에는 들르지 못하고 짓궂게도 일본에서 고혼이 되어 사당에 잠들고 있기는 하지만, 어찌하여 덕수궁 돌담길에서 불로초를 속여 파는, 그렇게도 많은 장사꾼들을 못 본 체 내버려두는지 답답할 따름이다.

진정 '신토불이'의 섭리는 나 한 개인의 생명을 가꾸는 섭리임에 그치는 것이 아니라, 나라사랑의 길로 통한다는 사실을 깊이 명심해야 할 것이다.

산과 들에 그득그득 쌓여 있는 불로초를 가꾸자. 에덴동산이 따로 있는 것이 아니라 우리의 농촌이 바로 낙원임을 알아야 한다.

'신토불이'의 섭리야말로 곧 나라사랑의 길인 까닭이 여기에 있다.

부 록
우리 땅에서 나는 우리 먹거리 50가지

사람의 몸은 작은 우주

사람이 제멋대로 세상에 태어나 아무렇게나 살아가고 있는 것 같지만, 우리 몸이나 정신, 음식 가운데 어느 것 하나도 천지음양(天地陰陽)의 이치에서 벗어난 것은 없다.

사람은 누구나 양(陽)인 아버지와 음(陰)인 어머니의 힘을 빌려 이 세상에 태어났지만, 동시에 하늘과 땅의 기운을 받았으며 우주의 법칙에 따라 살아가고 있다.

태초에 혼돈이었던 우주는 차차 음과 양으로 나누어졌고, 수목화토금(水木火土金) 오행(五行)에 의해서 운행되고 있으며, 사람의 몸은 간·심장·비장(지라)·폐·신장의 오장으로 구성되어 있다. 마찬가지로 우주에는 풍한서습조화(風寒暑濕燥火)의 육기(六氣)가 변화를 거듭하고 있는 것과 같이, 몸 안에는 방광(膀胱)·쓸개〔膽〕·삼초(三焦)·위(胃)·소장(小腸)·대장(大腸)의 육부(六腑)가 있어 생명을 유지하고 있다. 이 오장과 칠부가 균형을 이루며 움직일 때는 건강이 유지되지만, 그렇지 못할 때는 건강을 해치고 생명까지 잃게 된다.

우주에는 하늘·땅·사람의 세 가지 중요한 존재, 곧 삼재(三才)가 있다. 하늘과 땅 사이에서 천지(天地)의 기운을 받고 태어난 사람의 몸은, 늙어 죽으면 다시 그곳으로 돌아간다.

사람뿐 아니라, 지구 위에 있는 동물이나 식물은 모두 하늘과 땅의 기운을 받고 태어났다. 사람은 대기를 호흡하고, 하늘과 땅의 기운을

받은 각종 생명체들을 섭취하면서 살아가는데, 건강과 장수를 위해서
는 올바른 선택이 필요하다.

　여기 소개된 〈우리 땅에서 나는 우리 먹거리 50가지〉는 모두 우리
땅에서 생산되는, 우리의 건강과 생명에 밀접한 관계가 있는 먹거리
들이다. '신토불이'의 원리를 이해하고 올바르게 선택한다면 건강과
장수에 크게 도움이 될 것이다.

가랑파뿌리

가랑파뿌리는 성질이 덥고 맛은 맵다.

효　능

· 감기나 열병에 달여 먹으면 해열이 된다.

· 종기와 염증 초기에 열이 날 때 달여 먹으면 낫는다.

· 혈관을 넓혀주기 때문에 관상동맥경화증·동맥경화증·고혈압에 큰 효과가 있다.

검은 참깨

검정깨는 맛이 향기롭고 달며 약효가 광범위하다.

효　능

· 사람의 기운을 돋워주며, 소화가 잘 되게 하고, 피를 서늘하게 하며, 해독을 한다. 오장을 윤택하게 하고, 폐·간·콩팥에 좋다. 오래 먹으면 머리카락이 검어지고, 눈과 귀가 밝아지며, 근육과 뼈가 튼튼해진다. 정액을 생산하여 양기를 돕고, 배고픔과 추위·더위를 잘 이기게 하며, 감기를 예방한다.

· 볶아서 양념으로 첨가하여 오래 먹거나, 기름을 짜서 먹어도 좋다. 오래 먹으면 불로장생하는 신비로운 음식이라고도 한다.

　안동 참기름—낙동강 유역의 평탄한 침식분지인 풍산·풍천평야는 점토질과 모래의 넓은 벌로 형성되어 있다. 밭농사가 우세하며 채소류 재배가 발전했는데, 특히 참깨 명산지로 유명하다.

　영월 참기름—영월 북동부는 태백산맥이 남북으로 뻗어 있는 산간지대이다. 기온의 교차가 큰 내륙성 기후이며, 밭농사가 주업이다. 영월 참기름은 영월군 농·어민 후계자들이 직접 밭에서 재배·수확한 참깨를 이용하여 짠 순도 100퍼센트 참기름이다.

결명자

콩과식물인 결명자의 열매로, 가정에서 차를 끓이는 원료로 흔히 쓰인다. 성질이 차고 맛은 약간 쓰다.

효 능

· 급성결막염이나 눈의 충혈, 이물감(異物感), 통증, 눈물 나는 증세, 시력의 감퇴, 이명증(耳鳴症) 등에 효과가 있다.

· 혈압을 내려준다. 차로 달여 오랫동안 복용하면 심장혈관과 뇌혈관을 확장시켜 관상동맥경화증이나 뇌출혈을 예방해준다.

· 변비 치료에 효과가 있다. 노인들이 장액(腸液)이 감소되어 변비를 일으켰을 때, 차로 달여 장기복용하면 혈압도 내리고 변비도 치료한다.

고 추

매운 맛 성분은 캡사이신이라는 붉은 색소 때문이다. 비타민 A, 비타민 B_1, 비타민 B_2, 비타민 C, 카로틴 등과 아울러 칼슘·단백질이 풍부하다.

순창 전통고추장 — 조선조 태조가 어린시절의 스승인 무학대사가 지내고 있던 현재의 순창군 구림면에 있는 만일사를 찾아가는 도중 농가에 들려 점심을 먹게 되었다. 태조는 그 때 먹은 고추장의 독특한 맛을 잊을 수 없어서, 환궁한 후 천하일미의 순창고추장을 진상토록 했다고 한다. 이후 조선시대 500년의 왕실 진상품이 되었다. 순창에서 생산되는 원료나 물을 가지고 다른 지방에 가서 똑같은 솜씨로 담가도 순창고추장의 맛이 제대로 나지 않는데, 수질과 기온이 다르기 때문이라 한다.

영양 고추 — 경상북도 북동쪽에 있는 영양군은 산악이 85퍼센트를 차지하여 경지면적이 좁고 기온이 낮으며 강수량도 적다. 때문에 식량 자급은 어려우나, 전농가의 70퍼센트 이상이 특용작물인 고추와

담배를 재배하고 있다. 고추의 경우 품질이 우수하여 연간 20억원의 수입을 올릴 만큼 전국적으로 손꼽히는 주산지로 평판이 높다.

　　청송 고추—영양과 마찬가지로 전농가의 70퍼센트 이상이 고추를 재배해 주·부업으로 농가소득을 올리고 있으며, 맛이 좋아 예부터 전국적으로 유명하다.

구기자

구기자 나무의 빨간 열매로, 맛이 달다.

효 능

· 허약체질에 오랫동안 복용하면 체질이 개선되고 정력이 왕성해진다. 인삼이나 황기와 함께 닭에 넣어 삶아 먹으면 좋고, 임산부가 먹으면 태아나 신생아에게도 좋다.

· 혈압을 내리고 눈을 밝게 한다. 혈관을 부드럽게 하여 혈압을 내리고 핏속의 콜레스테롤을 감소시킨다. 차를 끓여 오래 복용하면 좋다. 특히 간과 신장의 원기를 도우며, 시력을 밝게 해준다.

　　진도 구기자—"진도산 한약재는 다른 지방 것보다 약값이 배(倍)이고, 특히 구기자는 그 가운데 으뜸이다"(《동의보감》). 예로부터 구기자의 명산지로 널리 알려져 있는 진도의 구기자는 알이 굵고 붉으며, 신축성·탄력성이 있고, 단맛이 더 나는 점이 다르다. 진도에 전해내려오는 구전에는 "젊은 여인이 늙은 남자의 종아리를 때리는 것을 보고 이상히 여긴 나그네가 그 연유를 알아본즉, 젊어 보이는 여인이 바로 그 남자의 어머니였다. 구기자를 매일 먹은 어머니가 젊어 보였던 것이다. 그 이후부터 궁중 진상품으로 채택되었다"고 전한다.

곶 감

곶감 표면에는 흰가루가 생기는데, 포도당·과당과 같은 당분이 있으며, 탄닌산·칼슘·무기질·비타민 A, 비타민 B, 비타민 C 등이 포함되어 있다.

효 능

·기침·딸꾹질·숙취·각혈이나 하혈 등에 민간요법으로 이용되어 왔다. 한방에서는 폐가 답답할 때, 담이 많고 기침이 나올 때, 만성 기관지염 등에 좋은 것으로 추천하고 있다. 또 몸에 흡수된 알콜성 분을 빨리 산화시키는 데 도움을 주며, 설사를 멈추게 한다.

거창 곶감차 — 예로부터 궁중에서 애용하여왔던 수정과의 일종인 곶감차는, 곶감에 계피·생강 등을 가미하여 시원하고 상쾌한 맛을 돋운다. 덕유산 기슭에서 재배한 곶감으로 만든 거창 곶감차는 국산 차로 호응도가 높다.

동상 곶감 — 조선시대 때 궁중의 진상품으로, 고종황제의 별명을 붙여 '고종시'라 불릴 정도로 그 맛이 유명하다. 동상 곶감은 당도가 다른 지역 생산품에 비하여 월등히 높고, 자연 생성된 분말이 많고 씨앗이 거의 없어 맛이 독특하다.

상주 곶감 — 예부터 상주는 삼백(三白 ; 곶감·누에고치·쌀)의 고장 이라 했다. 그 가운데서도 상주 곶감은 임금에게 바치는 진상품이었 으며, 오늘날에는 이 지방의 주된 산업으로 발전하여 국내뿐만 아니 라 일본에까지 대량 수출하고 있다.

영동 곶감 — 감은 이미 삼국시대부터 기후가 온화한 한반도 중부 이남 지역에서 주로 재배되어왔는데, 꾸준한 상품개발로 재배범위가 넓어져 조선 중엽 이후부터 충북 영동지방은 새로운 명산지로 발돋 움했다.

함안 곶감 — 함안군 일대는 기후가 대체로 온화하며 연평균 강수 량이 풍부하여 난대성활엽수가 잘 자란다. 특히 이 지역에는 오래된 감나무가 많은데, 조선시대부터 왕실 진상품으로 각광을 받아왔다.

귤껍질

제주에서 많이 생산되는 감귤의 껍질로서, 성질이 따뜻하고 맛은 쓰다.

효 능

· 가슴이나 뱃속이 막혀 있는 것 같은 상태를 환하게 터주며, 위의 활동을 왕성하게 해준다.

· 담(痰)을 제거하고 소화를 돕는다. 생강과 아울러 사용하면 담(痰)을 제거해주고 위의 활동을 무척 왕성하게 해준다.

녹 두

녹두는 콩과 식물의 열매이다.

효 능

· 여름철에 종기가 잘 나는 사람, 더위를 잘 먹는 사람은 며칠만 녹두로 죽을 쑤어 먹으면 예방이 된다.

· 어린이가 볼거리에 걸려 열이 날 때 죽을 쑤어 먹이면 열이 가라앉고 염증이 해소된다. 농약에 오염된 음식을 먹어 중독이 되었을 때는 녹두즙에 소금을 약간 풀어 마시면 해독이 된다. 녹두나물은 반찬으로 먹어도 맛이 좋지만 비타민 C가 풍부하여 미용에 좋고 감기를 예방해준다.

대 추

대추열매는 제사 때 빠질 수 없는 과일로, 약효 또한 탁월하다. 성질은 따뜻하고 맛이 달다.

효 능

· 몸을 보하고, 소화를 도우면서 식욕을 증진시킨다. 정신이 안정되게 하며, 처방에 넣어 서로 모난 약들이 조화를 이루도록 한다.

· 진액(津液)을 생성하고 잠을 잘 자도록 한다. 진액 부족으로 목 안

이 칼칼하여 기침이 나오는 사람은 맥문동·오미자와 함께 달여 먹으면 효과가 좋다. 그리고 히스테리·불면증이 있거나 깜짝깜짝 놀라기를 잘하는 사람을 안정시켜준다.

· 약품의 독을 완화시켜준다. 독성이 있는 약에는 대추를 가미하여 사용하면 좋다. 중독이 되었을 때는 대추를 달여 마신다.

밀양 대추 ― 이 지역의 대추는 알이 굵고 당도가 높은 것이 특징이며, 다른 지역 주민들에게 인기가 높다.

봉화 토종대추 ― 산세가 수려하고 원시림이 울창한 태백·소백산맥이 병풍처럼 둘러싸인 천연적인 지형과, 낙동강 상류의 천혜(天惠)의 기후·토질에서 자생(재배)되고 있는 봉화 토종대추는 씨가 작고 살이 두터운 것이 특징이다.

원주 대추 ― 치악산은 강원도 원성군과 영월군과의 경계에 있는 1,228미터의 산으로 산세가 수려하다. 원주 대추는 치악산에서 생산되는 약대추로 알이 달고 한약재 등에 많이 쓰이고 있다.

홍천 토종 약대추 ― 홍천의 재래종(토종) 약대추는 알이 잘고 당분이 많아 대추차와 한약에 많이 쓰이고 있다.

더 덕

더덕은 도라지과 덩굴풀의 뿌리로, 우리나라에서는 단방(單方)으로 널리 보급되어 있다. 맛은 쓰다.

효 능

· 인삼을 써야 할 곳에 맞지 않으면 대신 사용하는데, 풍(風)을 쫓고 열을 내리며 종기를 낫게 하고 곪았을 때는 고름이 나게 한다.

· 간과 폐를 보하고 소화를 도와준다.

봉평 산더덕 ― 강원도 평창군 북서쪽 끝에 위치한 봉평은 진부·대화지역을 포함한 대관령 일대의 중심지이다. 심산유곡에서 채취한 자연산 봉평 더덕은 맛과 향으로 널리 알려져 있다.

삽다리 더덕—호서의 금강산으로 불릴 만큼 경치가 아름다운 덕숭산에는 수덕사를 비롯한 크고 작은 사찰과 암자가 자리잡고 있다. 삽다리 더덕은 이곳에서 참선하는 승려들의 주된 고단백 영양식품이었으며, 칡막걸리와 곁들인 더덕구이 맛은 예로부터 수덕사를 찾는 관광객들에게 유명하다.

도라지

도라지의 뿌리로, 맛이 쓰고 맵다.

효 능

· 감기에 걸려 열이 나고 기침을 하면서 담이 많이 나올 때 효과가 있다.

· 인후염이나 편도선염에 감초와 함께 달여 먹으면 통증이 없어지고 염증이 낫는다.

· 종기가 곪았을 때 고름을 삭히는 작용을 한다. 특히 폐농양에는 인동덩굴의 꽃과 개나리 열매, 또는 패모(貝母)와 함께 달여 먹으면 놀랄 만한 효과가 있다.

도토리

효 능

· 성인병 예방과 건강식으로 좋으며 맛이 담백하다.

강화 도토리묵·녹말가루—기후와 토질이 뛰어난 강화도 마니산에서 자생하는 상수리나무의 도토리로 만든 순수한 자연식품이다. 예부터 농가에서는 귀한 음식으로 애용되어왔으며, 현대에는 무공해식품으로 각광을 받고 있다.

판교 도토리·녹말가루—1970년부터 가정에서 손쉽게 먹을 수 있게 가공했는데, 깨끗한 맛이 일품이다.

들 깨

성질이 덥고 맛은 맵다.

효 능

· 정액을 생산하여 정력을 돕고 허파를 윤택하게 한다.
· 상충하는 기를 내리고 갈증과 기침을 치료한다. 풍습(風濕)과 냉기를 쫓는다. 현미·율무 등과 섞어서 오래 복용하면 무병장수하게 한다.

마 늘

백합과식물로, 성질이 덥고 맛은 맵다.

효 능

· 감기를 예방해준다. 특히 유행성감기가 나돌 때 미리 몇 조각 먹어두면 예방이 되고 치료에도 효과가 있다.
· 항균작용이 강하여 결핵·이질 등에 효과가 있고, 피부 염증에 찧어 붙이면 치료가 된다.
· 소화기, 곧 위나 장의 염증에 진통작용을 하고 소화를 돕는다.
· 혈압을 내리고 혈관 속의 콜레스테롤을 감소시키는 작용을 한다.

메 밀

메밀은 맛이 달고 독이 없다.

효 능

· 위와 장을 튼튼하게 하고 기를 내리며 기력을 돕는다. 정신력을 왕성하게 하고, 머리가 늘 아프거나 자꾸 부스럼이 나는 병을 치료한다. 바람을 쐬면 눈물이 나는 증상에도 좋다.
· 위와 장에 쌓인 오물이나 숙변(宿便)을 몰아내며 몸 속을 개운하고 가볍게 한다. 내장을 깨끗이 청소하는 역할을 하는 곡식이다.

매 실

맛이 시고 조금 떫다.

효 능

· 폐를 이롭게 하고 진액을 생산하게 하며 갈증을 잡아준다.

· 뱃속을 편안하게 하고 정신을 안정시켜 불면증을 없애준다.

· 살충을 하고 회충으로 오는 복통을 진정시켜준다. 청매육(靑梅肉)
을 엑기스로 만들어 저장해두었다가 여름철에 반 숟가락씩 하루에
세 번 복용하면 식중독이나 복통을 예방하고 식욕을 증진시킨다.

모 과

장미과에 속하는 모과나무의 열매로, 성질은 따뜻하고 맛은 시다.

효 능

· 예부터 각기(脚氣)의 치료에 많이 사용되었고 관절염에 좋다. 또
좌골신경통(坐骨神經痛)에도 좋다. 동양의학에서는 신경통이나 관
절염이, 축축한 땅에 사는 까닭에 습기를 받아 뼈마디가 아프고 쓰
린 병인 풍습(風濕)에서 오는 것으로 보는데, 모과는 바로 이 풍습
을 제거하는 작용을 한다.

· 관절염·신경통뿐 아니라 위장을 건강하게 해준다. 여름철에 더위
와 습기로 인해 생기는 복통·설사·구토 등을 치료해준다.

미나리

미나리는 물속에서 자라는 풀로, 그 속이 비어 있기 때문에 습기를
배설하며 맛이 달다.

효 능

· 기운을 돕고, 정액을 생산하며, 지혈을 하고, 혈맥을 보호해준다.

· 대소변을 통하게 하고, 머리가 늘 아프거나 부스럼이 나는 병, 코
막힌 데, 황달·갈증·혈뇨(血尿), 부인들의 대하증, 어린애의 토사

를 치료한다.

· 음식이나 약물의 중독을 해독하고 특히 간에 이롭다.

밀

성질이 차고 맛은 달다. 밀은 가을에 씨를 뿌려놓으면 이듬해 여름에 익기 때문에 사계절 조화된 기운을 받아 성장한다. 심경(心經)으로 들어가는 자양제(滋養劑)이다. 그러나 산지에 따라 성질이 달라, 북쪽에서 생산된 것은 성질이 말라서(燥) 먹으면 기운을 돕지만, 남쪽에서 난 것은 성질이 습기가 많아(濕) 담이 성하고 열이 난다.

효 능

· 심장과 간을 보한다. 열이 나고 목이 마르거나 피를 토하고 원기가 부실해 땀을 많이 흘리는 사람, 요도염으로 인해 소변에 피가 섞여 나오는 사람에게 좋다.

· 불임증이 있는 부인이 오래 먹으면 임신을 하게 된다.

밤

성질이 따뜻하고 맛이 달고 떫다.

효 능

· 신기(腎氣)를 보하고 장과 위를 튼튼하게 하며 사람의 기운을 돕는다. 허리와 다리에 힘이 없는 사람에게 좋고, 위나 지라가 허약하여 설사를 자주 하는 사람에게 효과가 있다. 교통사고 등으로 근육을 상하거나 뼈를 다친 사람에게 좋다.

· 사상의학적으로 태음인에 속한 사람에게는 폐를 튼튼하게 하고 위장을 좋게 하는 작용을 한다.

보 리

성질이 덥고 맛은 짜다.

효 능

- 약한 것을 보하고 열을 제거한다. 위장을 좋게 하고 기운을 도우며 음식을 소화시킨다. 오장을 튼튼하게 하고 혈맥을 통하게 한다. 안색을 윤택하게 하고 모발을 검게 한다.
- 원기가 부실해 땀을 많이 흘리는 것을 막아주며 소갈병(당뇨병)에 좋다. 오랫동안 복용하면 살갗이 희어지고 윤기가 나게 하는 미용식이다.
- 보리밥을 먹으면 처음에는 다리 힘이 약해지는 것 같지만 나중에는 도리어 강해진다.

부 추

부추는 봄철의 온화한 기운과 함께 금(金)·수(水)·목(木)의 성질을 받아 성장하기 때문에 성질은 덥고, 맛은 맵고 떫으나, 익히면 달고 신맛이 난다.

효 능

- 위 속을 덥게 하고 기를 내리고 허(虛)를 보하며 양기를 돕는다. 폐를 충실하게 하고, 허리와 무릎을 덥게 하며, 정액을 생산하게 한다. 혈액순환이 잘 되지 않아 피가 맺힌 것을 없애주며, 담을 삭히고, 토혈(吐血)·코피·각혈을 멈추게 하고, 천식을 치료하며 당뇨병에 좋다.
- 중풍으로 말을 못하는 데, 체하여 토하고 설사하는 데 즙을 내어 마시면 좋다. 월경불순·대하증, 산후의 어혈(瘀血), 소아의 태독에 좋고, 중이염에는 즙을 내어 귓속에 떨어뜨린다. 타박상, 미친개에 물린 데, 뱀에 물린 데, 벌레에 물린 데 즙을 내어 바르면 좋다. 부추의 씨앗은 오줌싸개·몽정 등에 효과가 있다.

배 추

배추는 우리의 식탁을 떠나지 않는 김치의 원료다. 성질이 따뜻하고 맛은 달다. 혹은 성질이 차다는 말도 있다.

효 능

· 음식을 소화시키고 기를 잠재운다. 가슴 답답함을 열어주고 뱃속을 편하게 하며 장과 위를 이롭게 한다.
· 대소변을 통하게 하고, 술 마시고 갈증이 날 때 즙을 내 마신다.
· 어린애의 단독(丹毒；헌 데나 다친 곳에 구균이 들어가 생기는 급성전염병)이나 옻이 올랐을 때 찧어 바르면 효과가 있다.

벌 꿀

벌꿀은 종류가 다양하지만, 보통 한봉꿀과 양봉꿀로 크게 나누어진다.

효 능

· 강장제(強壯劑；빈혈을 고치며 영양을 도와 체력을 증진시키는 약)이며 제약 원료로 널리 사용되고 있다. 인삼·녹용·황기 등과 어울려 사용하면 허약체질을 개선하는 데 큰 효과가 있다. 벌꿀은 진액을 생산하기 때문에 대장에 습기가 없어서 발생하는 변비에 효과가 있고, 마른기침을 하는 사람에게 좋다.
· 상처나 화상·종기에 바르면 효과가 있고 피부 습진에도 좋다.
· 1일 약 30그램 정도를 3회에 걸쳐 복용하는데, 10일을 계속하다가 3일을 쉬고 다시 10일 동안 복용하는 일을 반복한다.

주왕산 벌꿀—예부터 청송군은 궁중 진상품이었던 꿀과 잣의 고장으로 유명하다. 조선 중종 때 궁중에서 청송군 정붕 부사에게 꿀과 잣을 진상할 것을 종용했다. 그러나 부사는 잣은 높은 산에 있고 꿀은 민가 벌통에 있는데 어찌 달라고 하여 공물로 바치겠느냐며 거절, 그후 궁중으로부터 청백리 상을 받았다는 일화가 있다. 청송 주왕산 산간지역의 수많은 약초와 밀원식물에서 채취한 천연 그대로의 자연 화분이 원상태로 함유되었고, 유채꿀·싸리꿀·잡화꿀 등이 유명하다.

산나물

비타민·칼슘 등 영양소가 다량 함유되어 있어 종합 식품으로 인정받고 있다.

효 능

· 항암효과가 높으며, 뼈와 이를 튼튼히 하고, 신진대사를 원활하게 해주고, 노화를 방지한다.

일월산 산채(취나물)—경북 영양군 북쪽에 있는 일월산은 1,219미터의 높은 산간지대를 이루고 있어, 예부터 다양한 식물이 자생하고 있고 각종 산나물이 다량으로 채취되고 있다. 취나물(곰취·단풍취·참취)은 국화과의 다년생 식물로서 깊은 산의 습지에서 자라며, 봄철에 이파리를 따먹는다.

홍천 산나물 세트—조선초부터 궁중 진상품이었다. 특이한 맛과 향을 가진 완전 무공해식품으로 태백산맥의 1,000미터 이상 고지대에서 자생하는 산나물이다. 산나물 세트에는 고사리·두릅·알가지·산미역취·취나물이 들어 있다.

살구씨

살구씨의 딱딱한 겉껍데기 속에 든 핵(核)으로, 성질은 따뜻하고 쓰다.

효 능

· 감기에 걸려 열이 나고 기침을 할 때 반하(半夏)·전호(前胡) 등과 같이 사용하면 담을 제거하고 기침을 멈추게 한다.

· 천식을 가라앉히고 목을 맑게 한다. 기관지염·기관지천식·기관지확장증에 반하·패모·귤껍질·생강과 함께 사용하면 천식이나 기침을 예방하거나 치료해준다.

· 대장을 윤택하게 하여 대변을 잘 통하게 하고, 가루를 만들어 기름
에 개어 바르면 피부병을 치료하고 피부를 윤택하게 해준다.

상 추

밥이나 고기를 싸먹는 채소인 상추는 김치를 담가 먹을 수도 있
다. 성질은 차고 약간 쓴 맛이 있다.

효 능

· 열을 내리고 장을 이롭게 하며 소변이 잘 나오게 한다.
· 기를 내리고, 눈을 밝게 하며, 치아를 회게 한다. 입냄새를 제거하
고, 가슴을 환하게 하며, 혈맥을 통하게 한다.
· 상추씨는 산모의 젖을 잘 나오게 하는 데 탁월한 효과가 있고, 소
변을 잘 통하게 하며, 치질이나 음부의 염증에 달여 먹으면 효과가
있다.

생 강

생강은 성질이 덥고 맛이 맵다. 이것을 말린 것을 건강(乾薑)이라
하는데, 뱃속을 덥게 하는 효과가 있다.

효 능

· 감기에 걸려 구역질이 나거나 기침을 할 때 효과가 있다.
· 위장을 좋게 하고 구역질을 잡아준다. 생선을 끓일 때 넣으면 생선
이 가지고 있는 찬기운을 덜어주고 맛 좋게 한다.
· 항균작용을 하고 진통을 시켜준다. 관절염·신경통에 효과가 있다.

소나무 마디

성질과 맛이 따뜻하고 쓰다.

효 능

· 습기를 받아 뼈마디가 아픈 관절염에 효과가 있다. 또 말초신경의

마비나 손상, 근육 위축에 좋다. 황기(黃芪)·당귀(當歸)·천궁(川芎)·숙지황(熟地黃) 및 백화사(白花蛇) 같은 것과 술에 담궈 7일쯤 후에 마시면 좋은 효과를 볼 수가 있다.

· 경락을 통해주고 몸을 덥게 해준다. 막힌 혈맥을 열고 어혈을 풀며 피를 활성화시켜주는 효과가 있다. 월경복통에도 이용된다.

· 송진〔松脂〕은 해독이나 고름을 배출하는 데 효과가 있어서 종기· 나력(瘰癧)에 쓰고 고약의 원료가 된다.

수 박

아프리카 원산인 수박은 약 500년 전부터 우리나라에서 재배하기 시작했고(《연산군실록》), 과육에 따라 홍색과 백색으로 구분된다. 성질이 서늘하고 맛은 달다.

효 능

· 여름날 열이 오르면서 갈증을 느끼는 사람에게 좋다.

· 몸 속의 열을 내려줄 뿐 아니라 상쾌하게 소변을 배출해주기 때문에 방광결석·요도결석에 좋고, 신장염이나 급성간염에도 효과가 있다.

· 목에 생기는 염증, 예를 들면 후두염·편도선염 등에 먹으면 염증이 가라앉고 부기가 빠진다.

쑥

쑥은 단군신화에도 나오듯 퍽 오랜 옛날부터 약으로 사용되었다. 흉년이 들면 구황식물(救荒植物)로 식량을 보충해주기도 하였다. 성질이 따뜻하고 맛은 쓰다.

효 능

· 지혈을 하고 부인들의 월경을 조절해준다. 월경 과다, 자궁출혈, 임

산부의 하혈에 사용되는 약이다.

- 몸을 따뜻하게 하고 진통작용을 한다. 달여서 마시거나 환약을 만들어 먹는 경우도 많지만, 찜질이나 뜸쑥으로도 쓰인다.
- 체내에 들어가 항균작용을 할 뿐 아니라 환경 소독에도 쓰여왔으며, 피부가 좋아진다 하여 쑥찜으로도 널리 이용되고 있다.

연뿌리

논에서 재배하는 연뿌리로, 반찬으로도 좋지만 약효 또한 탁월하다. 맛이 달다.

효 능

- 강력한 지혈작용을 한다. 폐결핵이나 기관지염·기관지확장증으로 인해 기침을 할 때 피가 섞여 나오게 되면 연뿌리를 짜 즙을 내어 마신다. 소변에 피가 섞여 나올 때도 효과가 있으며, 부인들의 월경과다에도 좋다. 자궁 같은 곳에 어혈이 있을 때는 당귀·천궁·작약과 함께 달여 먹는다.
- 열을 내리고 진액을 생산한다. 여름철에 목이 마르고 열이 날 때, 소변 양이 줄었을 때 즙을 내거나 달여서 마시면 효과가 있다.

율 무

율무는 벼과에 딸린 식물의 씨로서, 그 맛이 달다.

효 능

- 소변을 통하게 하고 몸속의 습기를 제거해준다. 신장염으로 팔다리와 몸이 붓고 소변이 시원치 않을 때 달여 마시면 효과가 있다.
- 위장을 강하게 하고 설사를 멈추게 한다. 급성 혹은 만성 설사를 일으켰을 때 죽을 쑤어 먹거나 달인 물을 마시면 설사가 멈춘다.
- 해독을 하고 고름을 배출시킨다. 특히 내장에 종기가 생겼을 때, 예를 들면 폐농양이나 맹장염에 탁월한 효과가 있다.

사천 **칠곡 영양차**—맛과 풍류를 즐기던 옛 양반들이 즐겨 먹었다. '신선의 음식인 선식(仙食)'에 비유될 만큼 영양이 높고 소화가 잘되며 위에 부담이 없어, 식사 대용 및 수험생 간식, 이유식 등으로 사용된다. 일곱 가지 곡식(찹쌀·콩·율무·현미·밀·보리·찹쌀현미)을 잘 씻은 후 쪄서 말리고, 다시 곱게 볶아 고운 가루를 낸 것이다.

영지버섯

옛 중국에서는 영지버섯이 영험하다 하여 선초·신초·영지 등으로 불러왔고, 동양에서도 신약으로 알려져 있다.

효 능

·고혈압·저혈압·고지혈증을 개선하고, 동맥경화를 예방한다.

·두통·피로·식욕부진 증싱을 개선하고, 노화를 방지하며, 수술후 환자, 수험생, 술과 담배를 많이 하는 사람에게 좋은 효과가 있다.

강화 영지버섯—강화의 마니산은 기후·토질·강수량 등 자연조건이 영지 재배의 최적지로, 강화 영지버섯은 질이 매우 좋고 약효가 월등한 것으로 알려져 있다.

공주 영지버섯—영지는 심산유곡의 나무 그루터기에서 희귀하게 발견되는 진귀한 약용버섯이다. 1960년대말경부터 영지에 대한 연구가 본격화하면서 인공재배에 성공함으로써 공주는 이름난 영지버섯 특산지가 되었다.

괴산 영지버섯—명산인 삼보산의 신성한 토질과 물(괴산은 초정 약수물이 나오는 지방이다), 맑은 공기로 재배해서 약효가 우수하다.

옥천 가산 영지버섯, 포천 영지버섯·영지즙—중국 고대의 진시황이 그토록 찾고자 했던 신산(神山)의 불로초와 십장생도에서 그림으로만 보아왔던 불로초가 바로 영지라고도 한다. 명나라 학자인 이시진의 《본초강목》, 《신농본초경》에 한약재로서 기린용·봉왕·감로·구현과 함께 영지를 지적하였는데, 그 가운데 영지가 가장 으뜸이라 했다고 전해지고 있다.

오미자

오미자는 목련과에 속하는 다년생 넝쿨식물로, 문자 그대로 다섯 가지 맛을 지니고 있는 열매라는 뜻인데, 껍질과 살은 달고 시고 맵고 짭짤하고, 전체적으로는 짠맛이 있다 한다.

효 능

· 《동의보감》에서는 오미자의 약효를 "허약한 것을 보해주며, 살이 찌게 하며, 시력을 밝게 하며, 열과 갈증을 멈추게 하며, 술의 독을 풀어주며, 기침을 멎게 한다"고 했다.

오늘날 과학적으로도 오미자는 "기침을 멈추게 하고, 강정제가 된다"고 인정되고 있다. 피곤하고 정신집중이 되지 않고, 식은땀·소화불량·신경쇠약증이 있는 사람이 원기가 나게 하는데, 최근 중국에서는 오미자가 간염에도 효과가 있다고 발표하고 있다. 스트레스와 불규칙한 생활에 시달려 기력이 쇠약해진 샐러리맨들에게 권하는 약재이다.

무주 오미자 ─ 덕유산 북부지방(무주 등)에서는 산채와 함께 진상품으로 유명하였다. 예부터 오미자술, 오미자 음료, 화채, 수단 등으로 궁중에서 널리 사용해왔는데, 무주 오미자는 바로 궁중에서 사용하던 그 방법으로 오미자를 가공하고, 약효를 보존하였다.

옥수수

북방 사람들이 양식으로 삼았던 곡식이다. 맛이 달다.

효 능

· 뱃속을 조절해주고 위장을 열어 식욕을 증진한다. 뿌리와 잎은 요도염과 요도결석에 효과가 있다.
· 옥수수수염은 이뇨제로서 신장염에서 오는 부종을 치료하고, 소변

이 막힌 사람이 달여 마시면 잘 통하게 한다.

춘천 막국수, 옥수수 국수 ― 막국수는 임진왜란 이후 조선 인조시대 때부터 백성들이 즐겨먹던 음식으로 긴 겨울밤 밤참으로 많이 이용했다고 한다. 특히 춘천 막국수는 그 맛으로 널리 알려져 있다. 저·고혈압에 좋고 혈액순환을 잘 되게 해 위장염 및 해독작용 치료에 효능이 있다.

춘천 옥수수 국수는 옛 조상들이 옥수수로 올챙이국수와 묵을 만들어 먹던 전통의 조리법을 이용하여 만든 별미식품이다.

유 자

성질은 차고 맛은 시다.

효 능

· 소화를 돕고 주독을 풀며 입에서 풍기는 술내를 없애준다.
· 임신부가 입맛이 없고 밥을 먹지 못하는 데 좋다.
· 설탕에 절여 차를 만들어 항상 먹으면 위장을 건강하게 하고, 특히 간을 보호해준다.

은 행

은행나무의 열매로, 맛은 달고 쓰고 떫으며 약간의 독이 있다.

효 능

· 담(痰)을 삭히고 천식을 치료한다. 만성기관지염·기관지확장증·폐기종(肺氣腫) 등의 완고한 호흡곤란에 사용된다.
· 몽정이나 야뇨증·조루증을 치료하고 부인들의 대하증에 좋다.
· 은행잎은 관상동맥을 확장시켜, 동맥경화증·고혈압에 효과가 있어 제약원료로 이용되고 있다. 그러나 어린애들이 한꺼번에 다량으로 먹는 것은 기가 오르내리는 작용을 막기 때문에 좋지 않다.

익모초

성질이 약간 차고 맛은 쓰고 맵다. 부인들, 특히 산모에게 좋다 하여 익모초(益母草)라는 명칭이 붙었다.

효 능

· 피를 맑게 하고 월경을 조절해준다. 익모초는 부인과의 명약(名藥)이다. 자궁에 피 맺힌 곳이 있거나 월경통이 있을 때 달여 마시고, 산후에 계속해서 복용을 하면 피가 맑아져 산후에 일어나기 쉬운 여러 질병을 예방해준다.

· 소변을 통하게 하고 해독을 한다. 익모초는 소변을 쉽게 눌 수 있게 하기 때문에 신장염에서 오는 부종에 좋고 각종 피부병이나 종기에도 효과가 있다. 익모초의 씨는 충울자(茺蔚子)라 하여 눈병에 많이 사용된다.

인 삼

맛이 달고 약간 차지만 불에 익히면 더워진다. '고려인삼'이라 하여 세계적으로 가장 많이 알려져 있고, 개성과 금산에서 주로 생산되었으나, 지금은 전국 곳곳에서 재배되고 있다.

효 능

· 오장을 보하고 정신을 안정시키며 혈맥을 소통하게 하고 기력을 돕는다. 위장을 강하게 하고 식욕을 증진시키며 눈을 밝게 하고 갈증을 잡아준다. 오랫동안 복용하면 몸이 가벼워지고 수명을 연장한다.

금산 인삼—충청남도 금산은 산악지대로서 특이한 토질과 기후로 인삼재배에 유리한 조건을 가지고 있다. 약 1500여 년 전 강씨 성을 가진 한 선비가 금산읍과 남이면 사이에 위치한 진악산 관음굴에서 어머니의 쾌유를 빌고 있었다. 그러던 어느날 꿈에 산신으로부터 관음봉 암벽에 가면 빨간 열매가 3개 달린 풀이 있으니 그 뿌리를 달여드리라는 계시를 받고 그 풀을 찾아 약으로 썼더니, 어머니의 병이 나았다. 그후 그 씨앗을 진악산 남쪽 남이면 성공리에서 재배하기 시작하였는데, 사람의 모습과 비슷하다 하여 인삼이라고 부르게 되었다고 전한다.

　　진안 인삼—진안은 전라북도 북동부에 있는데, 노령산맥의 동사면과 소백산맥의 서사면 사이에 위치한 산간지대이다. 주로 밭농사가 발달하여 잎담배·인삼 등의 재배가 성하고 양봉업도 발달되어 있다. 특히, 진안은 강화·금산·풍기와 더불어 인삼재배의 4대 명산지로 널리 알려져 있다.

작설차

중국의 고대신화에 나오는 신농씨가 약초의 성분과 처방법을 알기 위하여 하루에도 100여 가지 이상의 풀을 맛보다 몸에 독이 퍼지게 되었다 한다. 그래서 독을 풀어주는 풀을 찾다가 우유빛 꽃이 아름답게 핀 차나무를 발견하여 씹어 시험해보니, 모든 독이 풀림은 물론 그 향기 또한 지극하여 그 뒤로 모든 사람에게 차 잎의 효능과 사용법을 알렸다 한다. 작설차(雀舌茶)란 직역하면 참새의 혀만큼 어린 차순으로만 만든 차란 뜻으로(차순이 적당히 돋아났을 때 참새 혀 모양이다), 곧 어린 순만을 따서 만든 좋은 차란 의미를 가지고 있다.

이른 봄에 딴 것을 다(茶)라 하고 늦물에 딴 것을 명(茗)이라 한다. 성질이 약간 차고 맛은 쓰면서 달다.

효 능

· 열을 내리고 정신을 맑게 하며 음식을 잘 소화하게 한다. 기(氣)를 내리고 갈증을 해소하며 눈을 밝게 하고 머리를 맑게 한다. 대소변을 잘 통하게 하고 더위먹은 데 좋다.

· 중풍에 걸려 정신이 혼미하고 담이 성할 때 좋다. 부인의 월경불통에 좋으며, 각종 피부염·종기에 달여 마시거나 달인 물로 씻어주

면 좋다. 작설차는 이른봄 순이 막 돋아날 때 딴 것이 최상이고, 오수유(吳茱萸)·생강·파와 함께 달여 마시면 더욱 좋고, 차게 하여 마시는 것보다는 따뜻하게 마시는 것이 좋다. 너무 많이 마시면 체중이 줄고 불면증이 오는 수가 있으며, 비자(榧子)와 함께 마시면 몸이 무거워지고, 갈증이 심할 때나 음주 후에 마시면 신장이 냉해지고 통증을 유발하는 수도 있다.

무등산 작설차 — 감로차는 4월 중순(곡우 전후), 특선차는 5월 초순(입하 전), 정선차는 6월말에 어린 순만을 손으로 따서 위생적인 현대식 기계에 전통 제조법을 응용해 색·향·맛에서 우수한 작설차만을 선별한다.

쌍계 작설차 — 《삼국사기》의 기록에 따르면 신라 흥덕왕 3년 당나라 사신 대겸이 차의 종자를 가지고 오자, 왕이 지리산에 심게 하여 많이 재배하게 되었다. 하동군 쌍계는 알맞은 기후와 토질, 독특한 입지조건 때문에 농약이나 비료를 주지 않고 야생 형태 그대로 재배할 수 있어 전통 있는 순수 자연식품으로 높이 평가할 만하다.

화개 작설차 — 하동군 화개 일대에도 신라시대 때 심은 차나무가 무수히 남아 있으며, 이 차나무에서 옥로 녹차를 채취하고 있다.

잣

예로부터 잣은 신선식으로 불릴 정도로 귀하게 여겨져왔다. 잣나무는 지리적으로 중국·만주·시베리아에 널리 분포하고 있다. 우리나라에서는 한랭성고기압 영향권인 중부 이북지역에서 생산되는 열매가 맛도 좋고 영양가도 풍부하다는 정평이 있다.

효 능

· 비타민·철·미네랄 등이 들어 있으며, 강장제로서 병후 회복기에 좋다.

· 고급 불포화지방산이 많아 고혈압·동맥경화·변비를 다스리며, 피

부를 윤택하게 해주는 건강 미용식품이다.

가평 잣(실백), **포천 풍림잣** ─ 기운이 없을 때나 입맛이 없을 때 잣죽을 먹으면 기운이 나고 입맛을 찾게 하는 효과가 있어, 특히 노약자나 환자에게 애용되는 식품이다. 포천 풍림잣과 가평 잣은 평판이 대단하다.

제비콩

우리나라 농촌에서 울타리 같은 곳에 덩굴을 올려 재배하는 콩이다. 성질이 따뜻하고 맛은 달다.

효 능

· 위장을 좋게 한다. 음식에 중독되거나 소화불량으로 설사를 할 때, 속이 답답할 때 탁월한 효과가 있다. 급성·만성 설사에 달여 먹거나 죽을 쑤어 먹으면 좋다.

죽 순

성질이 약간 차고 맛은 달다.

효 능

· 담을 삭혀주고 위 속을 시원하게 한다. 가슴이 막혀 답답한 데 좋고 기를 내려준다. 열을 내리고 기운을 돋우며 갈증을 해소하고 소변을 통해준다.

· 너무 많이 먹으면 속을 차게 하는 수가 있기 때문에 평소 위장이 냉한 사람은 많이 먹지 않는 것이 좋다.

좁 쌀

성질은 약간 차고 맛이 달다.

효 능

기운을 돕고 신장의 기능을 도우며 식욕을 증진시킨다. 단전(丹田;

배꼽 아래로 한 치 다섯 푼 되는 곳. 아랫배에 해당하며 여기에 힘을 주면 건강과 용기를 얻는다고 한다)에 기운을 넣고 소변을 잘 통하게 하며, 폐결핵·당뇨병·코피·곽란·구토 등에 좋다.

초

효 능

· 기혈(氣血)을 소통하게 하고, 종기와 어혈을 낫게 하며, 열을 내리게 한다.

· 혀가 굳거나 종기가 생기면 발라서 치료한다.

· 겨드랑이 밑에서 나는 노린내〔狐臭〕를 없애준다(묵은 초에 회를 개어 바른다).

· 일체의 음식, 금석독(金石毒)을 해독한다. 그러나 너무 과하게 먹으면 콩팥을 해치기 때문에 적당량만 마신다.

동상 감식초—동상 곶감은 조선말 궁중의 진상품으로서 고종 황제의 별명을 붙여 '고종시'(高宗柿)라 불릴 정도로 그 맛이 유명하며, 씨 없는 곶감 산지로도 유일한 곳이다. 감식초는 완주군 동상면 운장산 일대의 산속에서 자라는 '고종시'의 홍시에서 추출한 원료로 만드는데, 다른 첨가물을 일체 넣지 않고 자연 그대로 발효시켰다.

칡뿌리

콩과에 딸린 칡 뿌리로, 달면서 약간 쓴맛이 있다.

효 능

· 해열작용을 한다. 감기나 기타 열병에 걸려 열이 심할 때 칡뿌리를 달여 먹고 땀을 내면 열이 내린다.

· 진액(津液)을 만들게 해준다. 열이 있은 후에 목이 마를 때 칡뿌리를 달여 먹거나 즙을 내 먹으면 갈증이 가신다. 술을 많이 마신 후

의 갈증에 좋고 주독(酒毒)을 풀어준다.

· 활혈작용(活血作用)을 한다. 혈관이 막히거나 협심증(狹心症)이 있을 때 달여 마시면 효과가 있다.

　영월 칡가루 — 칡가루의 원료인 칡뿌리를 채취하는 데에는 상당한 시간과 인력이 소모되는데, 그 이유는 야산에서 자생하는 칡뿌리를 일일이 손으로 캐어 채취하기 때문이다. 그래서 칡은 100퍼센트 천연 무공해 식품이라 할 수 있다. 영월은 일본으로 수출하는 등 전국 제일의 칡 생산지역이다.

　춘천 칡차 · 칡즙 — 예부터 술에 취했을 때(숙취) 칡즙을 내 먹으면 회복이 빨리 된다고 했는데, 춘천의 칡차 · 칡즙은 오래전부터 유명하다.

토 란

토란은 단방(單方)으로 많이 쓰여왔다. 맛은 쓰고 독이 약간 있다.

효 능

· 위의 활동을 돕고 장을 이롭게 하면서 허(虛)를 보하고 갈증을 해소한다.

· 근육을 튼튼하게 하고 피부를 곱게 한다.

· 어혈이 풀리게 하고 새살이 돋게 한다.

· 관절염이나 타박상에 가랑파와 함께 찧어 바르면 좋다.

· 뱀이나 거미 등의 벌레에 물리거나 벌에 쏘인 데 바르면 효과가 있다.

팥

팥은 우리 농촌에서 많이 재배되었으나 요사이 와서 점차 생산량이 줄어들고 있다.

효 능

· 소변을 통하게 하고 몸속의 습기를 제거해준다. 신장염에 의한 부

종에 많이 사용되며, 율무나 질경이씨[車前子]와 함께 달여 먹으면 더욱 효과가 좋다.

- 여름철 갑자기 배가 아프고 물설사를 할 때 팥과 완두콩을 삶아 마시면 설사가 멈춘다.
- 잉어나 붕어에 팥을 넣어 삶아 국을 만들어 마시면 간경화증이나 복수(腹水)에 좋고 황달도 치료된다.

표고버섯

표고버섯은 강우량이 많고 온난한 지방의 산야에서 자생하며, 우리 나라를 비롯하여 아시아권 해발 1,000에서 1,500미터의 고냉지대가 산 지로 알려져 있다.

효 능

- 뼈와 장기 발육에 필요한 비타민 D와, 단백질·철·인 등 필수 미 네랄이 다량 함유되어 있다. 또한 내한성·내열성이 강한 식품으로 간장질환·고혈압에 좋다. 최근 암 예방에 효과가 있다고 하여 연 구가 진행중이다.

대화 표고버섯—강원도 오대산, 계방산 등 태백산 준령의 심산유 곡에서 생산되는 자연산 대화 표고버섯은 그 맛과 향이 일품이며, 예 로부터 한방 의약품으로 사용되어왔다.

진안 표고버섯—진안의 표고버섯은 해발 850미터의 고냉지대에 서 생산되는 무공해 버섯으로 육질이 두텁고 고유의 향취가 뛰어나다.

한라산 표고버섯—옛날 진시황의 특명으로 사신이 불로초를 찾아 헤매다가 탐라국 한라산에 이르러 자연버섯을 구했고, 그것을 불로초 라 하여 왕에게 진상했다고 전한다.

영산(靈山) 한라산에서 재배되는 무공해 자연식품으로 향기가 독 특하기 때문에 높은 가격으로 동남아로 수출되고 있으며, 국내 수요 자에게도 많이 이용되고 있다.

호 도

효 능

·《본초강목》에 의하면 호도는 간을 보호하고, 허리와 무릎을 따뜻하게 해주고, 변비를 치료해주며, 가래를 없애준다고 한다. 신장기능을 강화하고 기억력을 좋게 하며 신경쇠약 치료에도 이용되어왔다. 하체가 허약하여 허리가 아픈 병에 좋고, 흰머리를 검게 해준다. 대장염·변비·고혈압에 효과가 있고 정신을 맑게 해준다.

무주 구천동 호도 — 무주 구천동 호도는 껍질이 얇고 영양가가 높은 것이 특징이다.

영동 호도 — 소백산맥 구릉 산간지대의 다소 넓은 지역에 위치하고 있는 충북 영동은 대륙성 기후가 강하다. 이 지역에는 수백년 묵은 호도나무가 무성하여 이 지방 특유의 호도를 다량 생산하고 있다. 영동 호도는 개량종이 아닌 재래종으로 맛이 고소하고 알이 꽉 들어차 소비자들로부터 호평을 받고 있다.

예천 상리호도 — 예천은 산지가 많아 수백년 묵은 호도나무가 내륙성 기후의 영향으로 무성하여 특유의 재래종 호도가 생산되고 있다. 이 지방의 호도는 개량종이 아닌 재래종 그대로 맛이 고소하고 알이 꽉 들어차 있다.

W이론을 만들자
—한국형 기술, 한국형 산업문화 발전전략

이면우 저
신국판/ 반양장 · 205쪽/ 5,000원

오늘날 우리 과학기술계와 산업계가 안고 있는 구조적인 문제점을 개선·극복하기 위한 우리 나름의 독자적 연구개발의 전략과 방안을 'W이론'이라 명명하고, 산·학·관·연 모두가 비판적이고 진취적 안목에서 현실문제를 대응 해결할 수 있는 W이론을 함께 완성시켜 나갈 것을 요청하고 있다.

韓國의 代案
—한국병 이렇게 고치자

김덕형 지음
신국판/ 반양장 256쪽/ 값 5,000원

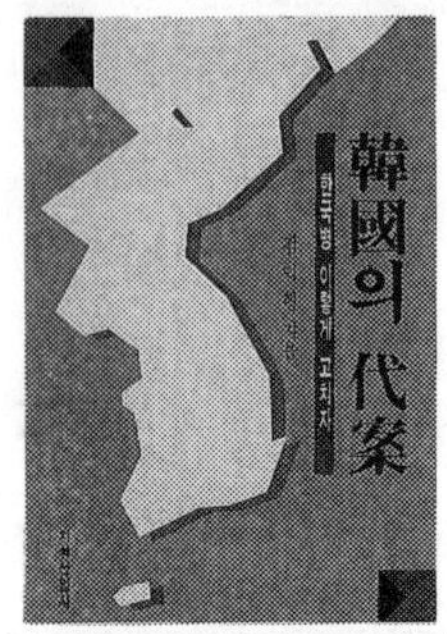

현재 조선일보 통한문제연구소장으로 재직하고 있는 저자가 부정부패와 소비·사치 등이 만연하고 있는 우리 사회의 重病을 치유할 수 있는 처방전을 제시한 책. 〈한국병의 증상〉, 〈한국병 고치기 : 윗물맑기운동〉, 〈한국인병 고치기 : 아랫물맑기운동〉, 〈현장르포 : 부정부패를 척결한 나라들〉, 〈한국병관련 칼럼〉 등의 5장으로 이루어져 있다.

우리 학문의 길

조동일 저
신국판/반양장 338쪽/값 7,000원

학문은 무엇이며, 어떻게 해야 하는가. 저자는 이 책에서 우리 학문을 오도한 그릇된 사고방식, 부적절한 제도와 관행, 학문을 소홀히 하는 대학풍토를 날카롭게 지적하면서, 제3세계로서의 학문의 길을 스스로 창조함으로써 세계학문의 새로운 발전에 적극 참여하는 방안을 역설하고 통일 설계의 학문을 할 것을 주장한다. 대학생·대학원생·학자, 그리고 장차 학문의 길을 가고자 하는 고등학생도 읽어야 할 필독서.

財閥과 家閥

서울경제신문 편저
신국판/ 양장 · 479쪽/ 12,000원

우리나라 52대 재벌그룹의 인맥과 혼맥의 분석을 통해 한국사회구조의 변화를 살피고자, 두터운 베일 속에 깊숙히 가려진 재벌가의 혼맥을 철저한 현장취재와 객관적 시각에서 분석함으로써 사회학·경제학적 연구자료가 됨과 동시에 재벌 집안의 귀한 가족사진도 공개함으로써 독자의 흥미를 돋구고 있다.